新技术技能人才培养系列教程

互联网UI设计师系列

Illustrator
平面设计案例教程

肖睿 陈飞 杨霞 / 主编

时月梅 何竟文 / 副主编

人民邮电出版社

北京

图书在版编目（CIP）数据

Illustrator平面设计案例教程 / 肖睿，陈飞，杨霞主编. -- 北京 : 人民邮电出版社，2023.3
ISBN 978-7-115-60461-3

Ⅰ. ①I… Ⅱ. ①肖… ②陈… ③杨… Ⅲ. ①平面设计－图形软件－高等学校－教材 Ⅳ. ①TP391.412

中国版本图书馆CIP数据核字(2022)第216372号

内 容 提 要

本书主要讲解Illustrator软件的使用方法，主要内容包括初识Illustrator、图形的绘制与编辑、路径的绘制与编辑、图形样式的编辑、文本与图表的编辑、图层与蒙版的应用、效果，以及一个综合项目："世界无烟日"公益主题物料设计。本书立足于行业需求和实际工作任务，采用理论和案例相结合的方式，融入创意设计思想和行业知识技能及技巧，旨在帮助读者掌握 Illustrator软件的基本操作，同时掌握平面设计中相关理论知识与设计技巧。

本书可作为高等学校平面设计、视觉设计、UI 设计等专业的教材，也可供平面设计、UI 设计等领域的爱好者、相关技术人员和从业者学习使用，还可作为设计行业相关研究人员的参考用书。

◆ 主　　编　肖　睿　陈　飞　杨　霞
副 主 编　时月梅　何竟文
责任编辑　祝智敏
责任印制　王　郁　陈　犇

◆ 人民邮电出版社出版发行　　北京市丰台区成寿寺路 11 号
邮编　100164　　电子邮件　315@ptpress.com.cn
网址　https://www.ptpress.com.cn
临西县阅读时光印刷有限公司印刷

◆ 开本：787×1092　1/16
印张：10.75　　2023 年 3 月第 1 版
字数：240 千字　　2023 年 3 月河北第 1 次印刷

定价：79.80 元

读者服务热线：(010)81055256　印装质量热线：(010)81055316
反盗版热线：(010)81055315
广告经营许可证：京东市监广登字 20170147 号

序　言

互联网产业在我国经济结构转型升级的过程中发挥着重要的作用。当前，互联网产业在我国有着十分广阔的发展前景和巨大的市场机会，这意味着与之相关的行业需要大量的高素质人才。

在新一代信息技术浪潮的推动下，各行各业对 UI 设计人才的需求迅速增加。许多刚走出校门的应届毕业生和有着多年工作经验的传统设计人员，由于缺乏对移动端 App、新媒体行业，以及互联网思维和前端开发技术等的了解，因此很难找到理想的 UI 设计工作。基于这种行业现状，课工场作为 IT 职业教育的先行者，推出了“互联网 UI 设计师系列”图书。

本系列图书提供了集基础理论、创意设计、项目实战、就业项目实训于一体的教学体系，内容既包含 UI 设计师必备的基础知识，也增加了许多行业新知识和新技能的介绍，旨在培养专业型、实用型、技术型人才，在提升读者专业技能的同时，增强他们的就业竞争力。

系列图书特点

1. 以企业需求为导向，以提升读者就业竞争力为核心目标

满足企业对人才的需求、提升读者的就业竞争力是本系列图书的核心编写原则。为此，课工场“互联网 UI 设计师”教研团队对企业中的平面 UI 设计师、移动 UI 设计师、网页 UI 设计师等进行了大量实质性的调研，将岗位实用技能融入系列图书内容中，从而实现系列图书内容与企业需求的契合。

2. 科学、合理的教学体系，关注读者成长路径，培养读者实践能力

实用的内容结合科学的知识体系、先进的编写方法才能达到好的学习效果。本系列图书为了使读者能够目的明确、条理清晰地学习，以读者为中心，循序渐进地培养读者的专业基础、实践技能、创意设计能力，并使其能制作和完成实际项目。

本系列图书改变了传统教材以理论为重的讲授写法，从实例出发，以实践为主线，突出实战经验和技巧传授，将技能点讲解融入大量操作案例，于读者而言，容易理解，便于掌握，能有效提升实用技能。

3. 教学内容新颖、实用，创意设计与项目实操并行

本系列图书既讲解了互联网 UI 设计师所必备的专业知识和技能（如 Photoshop、Illustrator、After Effects、Cinema 4D、Axure、PxCook 等工具的应用方法，网站配色与布局，移动端 UI 设计规范等），也介绍了行业的前沿知识与理念（如网络营销基本常识、符合 SEO 标准的网站设计、登录页设计优化、电商网站设计、店铺装修设计、用户体验与交互设计）。本系列图书一方面通过基本功训练和优秀作品赏析，使读者能够具备一定的创意思维；另一方面提供了涵盖电商、金融、教育、旅游、游戏等诸多行业的商业项目，使读者在项目实操中，了解项目设计流程和规范，提升业务能力，并发挥自己的创意才能。

4. 可拓展的互联网知识库和学习社区

读者可使用课工场 App 扫描二维码，观看理论讲解和案例操作等配套视频。同时，课工场官网开辟了教材专区，提供配套素材下载服务。此外，课工场还为选用本系列图书的读者提供了体系化的学习路径、丰富的在线学习资源，以及活跃的学习交流社区，欢迎广大读者进入课工场官网和社区学习。

读者对象

- 各类院校及培训机构的老师及学生
- 希望提升自己，紧跟时代步伐的传统美工人员
- 没有设计软件基础的跨行从业者
- 初入 UI 设计行业的新人

致谢

本系列图书由课工场“互联网 UI 设计师”教研团队编写。课工场是北京大学旗下专注于互联网人才培养的高端教育品牌。作为国内互联网人才教育生态系统的构建者，课工场依托北京大学优质的教育资源，重构职业教育生态体系，以读者为本，以企业为基，为读者提供高端、实用的教学内容。在此，感谢每一位参与“互联网 UI 设计师”课程开发的工作人员，感谢所有关注和支持“互联网 UI 设计师”课程的人员。

感谢您阅读“互联网 UI 设计师系列”图书，希望本系列图书能成为您 UI 设计之旅的好伙伴！

“互联网 UI 设计师系列”图书编委会

2022 年秋

前　言

Illustrator 作为一款非常成熟的矢量图形处理软件，被广泛地应用于印刷出版、海报书籍排版、商业插画绘制等众多领域，并能出色地完成大多数商业项目的设计与制作。本书是专门为平面设计初学者或希望在平面设计、UI 设计领域有所发展的设计师量身打造的一本学习用书。本书立足于实践，从实际工作需求出发，理论与案例相结合，讲解 Illustrator 软件的具体使用方法，旨在帮助读者掌握 Illustrator 软件的基本操作，以及平面设计中常用的理论知识与设计技巧，并能灵活地将其运用于实际的设计工作中。

本书设计思路

全书共 8 章，从 Illustrator 软件的基本操作开始，由浅入深地全面讲解 Illustrator 软件的常用功能及命令，通过演示案例使读者更好地掌握软件的功能及相关的平面设计和 UI 设计技巧。

第 1 章：主要讲解 Illustrator 在图形设计、文字设计、插画设计、版式设计中的主要应用，以及 Illustrator 的基本操作方法，并对平面设计中的位图与矢量图、纸张规格与出血以及色彩模式进行系统介绍。

第 2 章：主要讲解在 Illustrator 中使用线段及形状工具组进行基本图形的绘制，使用画笔工具、铅笔工具、平滑工具进行手绘图形的绘制，以及图形对象的选择与编组、对齐与分布、变换与排列。

第 3 章：主要讲解路径与锚点的概念及使用钢笔工具组绘制路径的方法，对“连接”与“平均”命令、“轮廓化描边”命令、“偏移路径”命令这一系列路径编辑命令进行详细的讲解与介绍，同时对路径查找器的应用和图像描摹的方法进行梳理。

第 4 章：主要讲解图形样式的编辑，包括颜色填充样式、描边和渐变样式的应用；详细讲解各样式的具体操作方法及编辑方法，对图案填充和符号面板的应用进行相关的讲解。

第 5 章：主要讲解文本与图表的编辑，重点讲解文本工具的应用，介绍文本的类型和创建文本轮廓的方法，系统地介绍图表的创建及编辑方法。

第 6 章：主要讲解图层与蒙版的应用，详细讲解“图层”面板的使用方法和图层的混合模式与不透明度，并对剪切蒙版和不透明度蒙版的创建方法及应用进行深入的讲解。

第 7 章：主要讲解 Illustrator 中的效果，重点对 3D 类效果中的凸出和斜角、绕转、旋转效果，以及风格化类效果中的内发光与外发光、圆角、投影与羽化效果的作用及应用进行详细的讲解。

第 8 章：主要讲解 Illustrator 在传统媒体中的应用，使读者在完成项目的同时，了解商业项目的完整制作流程，对项目的设计需求、设计定位、设计背景做详细的分析，对创意能力、设计能力、软件操作能力进行比较完整与深入的演练。完成综合项目，读者不仅能提升技能，同时也能丰富设计作品库、熟悉项目流程。

各章结构

本章目标：将本章知识点按照了解、熟悉、掌握及运用 4 个层次分类，帮助读者区分内容的重要程度。

本章简介：简要描述本章将会学习的内容。

技术内容：先详细讲解工作中常用工具及命令的使用方法，并将其作为核心技能点融入相应的案例，帮助读者熟知核心技能点在实际工作中的应用场景。

本章总结：按照本章的叙述顺序，简要归纳本章知识点中的重点与难点。

课堂练习与课后练习（第 8 章无）：以本章中所讲述的核心技能点为导向，设计相应的练习案例，检验读者对重要知识点的理解和掌握情况。

本书特色

（1）无门槛，入门级讲解

本书从基础知识讲起，深入浅出地讲解 Illustrator 软件中常用工具及命令的基本使用方法，并结合实际案例展示工具及命令的应用场景，达到“学以致用，用以促学”的学习目的。

（2）实用、精美的平面设计案例

本书以不同风格的图标、插画、Logo、3D 文字、海报等作为范例，帮助读者快速熟悉软件的操作，巩固平面设计的理论基础。

（3）海量资源，轻松拥有

本书提供了演示案例中使用的素材文件及效果图、配套的教学 PPT、教学视频。

（4）在线视频，高效学习

本书提供了多种学习途径，读者可以直接访问人邮教育社区（www.ryjiaoyu.com）下载书中所需的案例素材，也可扫描书中二维码观看配套的视频。

本书由北大青鸟文教集团研究院“互联网 UI 设计师”教研团队组织编写，肖睿、陈飞、杨霞担任主编，时月梅、何竟文担任副主编。尽管编者在写作过程中力求准确、完善，但由于编者水平有限，书中难免存在不妥之处，殷切希望广大读者批评指正！

“互联网 UI 设计师系列”图书编委会

2022 年 11 月

目　录

第 1 章

初识 Illustrator

【本章目标】

- 了解 Illustrator 在图形、文字、插画、版式等设计领域的应用
- 熟悉 Illustrator 的工作界面，掌握在 Illustrator 中新建、打开、保存文件等基本操作
- 掌握 Illustrator 视图显示及页面设置的方法和技巧
- 了解平面设计中的位图与矢量图、纸张规格与出血、色彩模式等相关概念

【本章简介】

Adobe Illustrator，简称 AI，是一款专业的矢量绘图软件，其因强大的功能和友好的用户界面而广受设计师青睐。本章主要介绍 Illustrator 在平面设计中的应用，以及软件的基本操作。通过本章的学习，读者可以快速掌握 Illustrator 的基本使用方法，能够实现位图与矢量图的转换。

1.1 Illustrator 在平面设计中的主要应用

图 1-1　Adobe Illustrator 图标

Illustrator 强大的性能可以提高处理大型、复杂文件的精确度、速度和稳定性。Illustrator 被广泛应用于插画、包装、印刷出版、排版、网页制作等众多领域。使用 Illustrator 绘制的图形是矢量的，能够在放大或缩小图片的情况下不失真，所以，Illustrator 经常被用来制作插画、Logo、宣传册、海报及网页等。下面讲解 Illustrator 在平面设计中的主要应用。图 1-1 所示为 Adobe Illustrator 图标。

1.1.1　图形设计

图形是指由外部轮廓线条构成的矢量图，是设计作品中备受关注的视觉中心，是通过手绘、书写、篆刻，以及现代电子技术等手段产生的能传达信息的图像记号。图形设计重在创意，是一种将创造性的想法转化成具有创新精神的设计形式的思维过程。创意是一种想象、一种联想。在整个图形设计过程中，都要依靠创意来实现视觉作品的呈现，从而向人们传递所要表达的信息。使用 Illustrator 可以绘制出各种矢量图形，图 1-2 所示为图形设计作品。

（a）

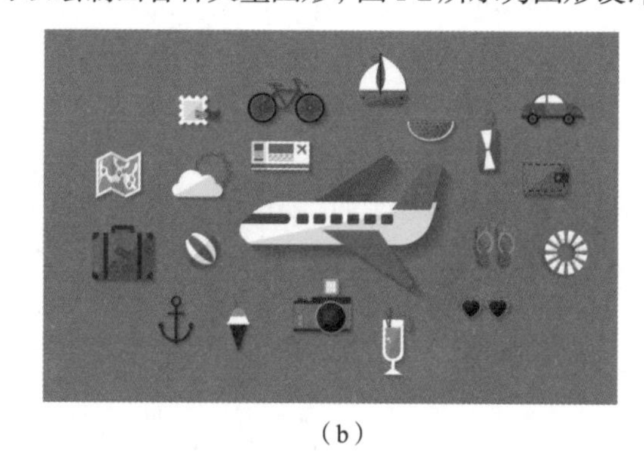

（b）

图 1-2　图形设计作品

1.1.2　文字设计

文字的主要功能是在视觉传达中向用户直观地传递信息。作为画面的主要元素之一，文字不仅表达信息，还必须具备视觉上的美感，能够给人以美的享受。在文字设计中，美感不仅体现在局部，更是对笔形、结构，以及整体设计的把握。在设计时，应避免与已有的设计作品字体相同或相似，更不能有意模仿或抄袭。要在字的形态特征与组合编排上进行探索，创造富有个性的文字。使用 Illustrator 设计文字的优势在于，其可以灵活地控制文字的形态结构，矢量文件可以满足各种精度的输出需求。图 1-3 所示为文字设计作品。

图 1-3　文字设计作品

1.1.3　插画设计

插画设计即插图设计，随着现代设计的发展，插画已经成为一种多元的艺术形式。作为现代设计中一种重要的视觉传达方式，插画设计以其直观性、形象性、真实的生活感在现代设计中占有特殊的地位，并广泛应用于广告、杂志、海报、包装等众多领域。

插画在实际应用中需要根据不同的需求调整其大小，因此作品必须保证可以被任意缩放，因此使用 Illustrator 设计矢量插画也就成了设计师们的首选。图 1-4 所示为矢量插画设计作品。

图 1-4　矢量插画设计作品

1.1.4　版式设计

版式设计是指根据设计主题和视觉需求，在预先设定的有限版面内，运用造型要素和形式原则，将有限的文字、图形及色彩等视觉信息要素，进行有组织、有目的的排列组合。版式设计涉及报纸、刊物、书籍、海报等。

Illustrator 具有方便快捷的排版功能，可以很好地体现平面设计的独特语言。图 1-5 所示为版式设计作品。

图 1-5　版式设计作品

1.2　Illustrator 的基本操作

1.2.1　Illustrator 的工作界面

Illustrator 的操作环境及界面和 Adobe 的其他设计软件类似。Illustrator 的工作界面主要由菜单栏、工具属性栏、标题栏、工具栏、控制面板、工作区等组成，如图 1-6 所示。

菜单栏：包含 Illustrator 中所有的菜单命令，共 9 个菜单。

工具栏：包含 Illustrator 中所有的工具，大部分工具还有其展开工具组。

工具属性栏：当选择工具栏中的工具后，工具属性栏会出现该工具的相关属性。

标题栏：当前运行设计工作的名称。

控制面板：使用控制面板可以快速调出许多用于设置数值和调节功能的面板，是最重要的组件之一。

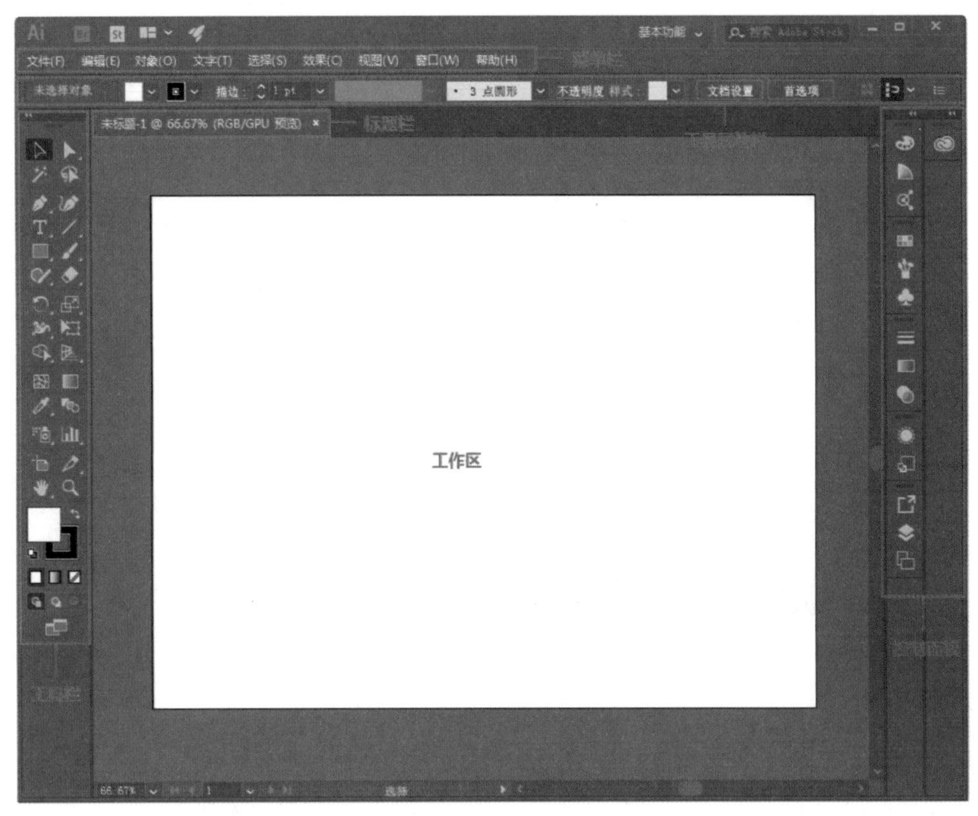

图 1-6　工作界面

工作区：也叫页面区域、画布或者画板，指工作界面中间黑色实线框起来的矩形区域，此区域的大小就是用户设置的页面大小。

1. 菜单栏

菜单栏包含“文件”“编辑”“对象”“文字”“选择”“效果”“视图”“窗口”“帮助”9 个菜单，如图 1-7 所示。在每个菜单中还包含相应的子菜单。熟练掌握菜单栏的各项内容，能够快速有效地绘制和编辑图像，达到事半功倍的效果。

2. 工具栏

工具栏位于工作界面的左侧，包含 Illustrator 中所有的工具，这些工具可以用于创建和编辑图形、图像和页面元素，如图 1-8 所示。

在工具栏中，有些工具的右下角带有一个小三角，这表示该工具还有展开工具组。长按该工具即可展开其工具组。例如，长按“直线段”工具，将展开其工具组，如图 1-9 所示。

3. 工具属性栏

工具属性栏位于菜单栏下方，其中的属性不是固定的，而是会根据所选工具和对象的不同来显示相应的属性。当选择工具后，工具属性栏中显示的属性即为当前工具的属性。图 1-10 所示为矩形工具的属性。另外，并不是所有的工具都有属性，例如转换点工具就没有属性。

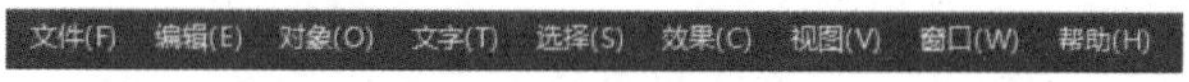

文件(F)　编辑(E)　对象(O)　文字(T)　选择(S)　效果(C)　视图(V)　窗口(W)　帮助(H)

图 1-7　菜单栏

图 1-8　工具栏

图 1-9　直线段工具组

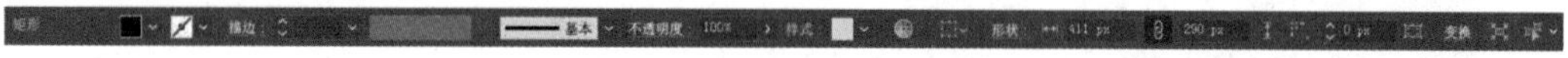

图 1-10　矩形工具的属性

4. 控制面板

控制面板位于工作界面的右侧，包括众多面板，如“颜色”“色板”“画板”等面板。选中并长按控制面板中的图标，将其拖曳至控制面板外，释放鼠标左键，将形成独立的控制面板。图 1-11 所示为“色板”面板。

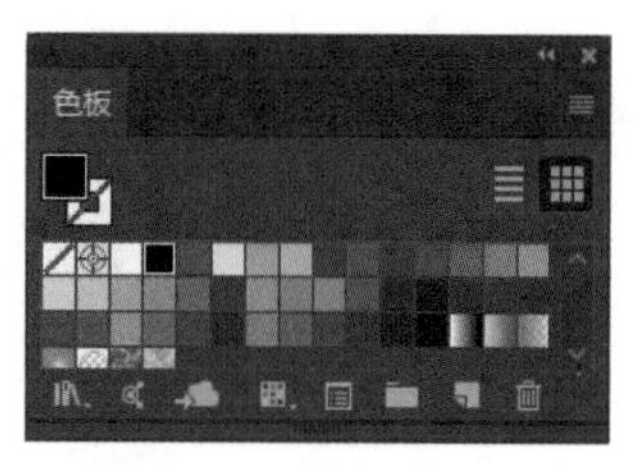

图 1-11　“色板”面板

1.2.2　Illustrator 的文件操作

在使用 Illustrator 设计和制作作品时，需要熟练掌握基本的文件操作方法。下面将介绍在 Illustrator 中，新建、打开、保存、导出和关闭文件的基本操作方法。

1. 新建文件

在菜单栏中执行菜单命令“文件” - “新建”或使用组合键 Ctrl+N，可以弹出“新建文档”对话框，如图 1-12 所示。可以在“新建文档”对话框中设置预设详细信息，也可以根据设计需求直接选择新建页面的类型，如移动设备、Web、打印等，在对应类型中选择所需要的页面尺寸（此功能在 Illustrator CC 2017 后出现）。

预设详细信息包含的选项如下。

标题：可以输入新建文件的名称，默认状态下为“未标题 -1”。

宽度和高度：设置文件的宽度和高度的数值及单位。

方向：设置新建页面的方向，分为竖向和横向。

画板：设置页面中画板的数量。

出血：设置页面的出血值。默认状态下，出血值为锁定状态，可以统一设置上下左右的出血值；单击锁定状态使其处于解锁状态后，可分别设置上、下、左、右的出血值。

颜色模式：设置新建文件的颜色模式。

更多设置：单击该选项会弹出“更多设置”对话框，可以根据需要设置相关参数，如图 1-13 所示。

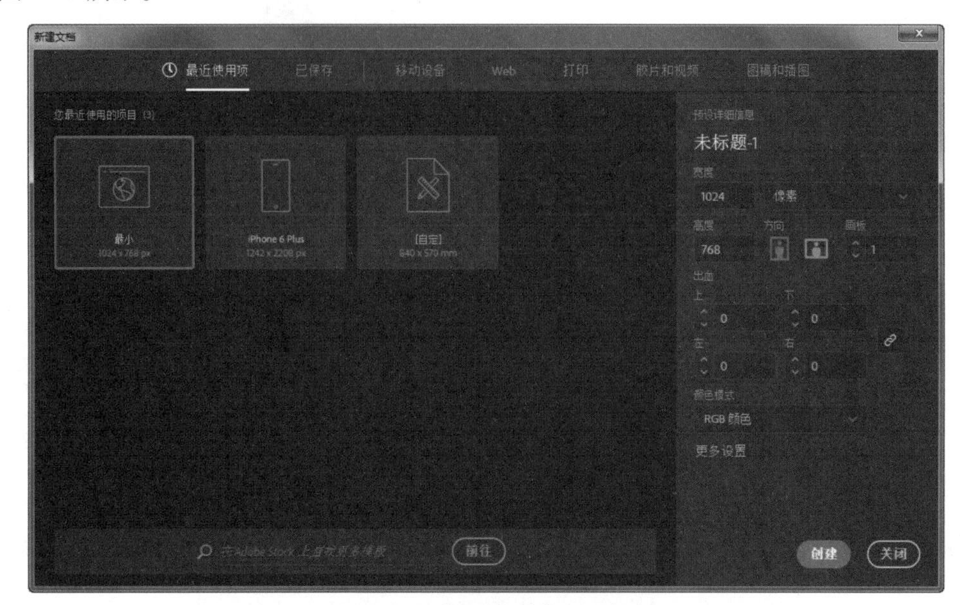

图 1-12 “新建文档”对话框

图 1-13 “更多设置”对话框

完成相应的设置后，单击“创建”或“创建文档”按钮即可新建一个文件。

2. 打开文件

执行菜单命令“文件” - “打开”或使用组合键 Ctrl+O，可弹出“打开”对话框，如图 1-14 所示。选择需要打开的文件，单击“打开”按钮即可打开该文件。

3. 保存文件

当第一次保存文件时，执行菜单命令“文件” - “存储”或使用组合键 Ctrl+S，会弹出“存储为”对话框，如图 1-15 所示。在对话框中输入要保存的文件名，选择保存路径和保存类型。设置完成后，单击“保存”按钮即可保存文件。

图 1-14　“打开”对话框

当对文件进行编辑操作并保存后，再执行“存储”命令将不再弹出“存储为”对话框，计算机将会直接保存最终确认的结果，并覆盖原来保存的文件。如果既要保存修改过的文件，又不想覆盖原来的文件，则可以直接执行菜单命令“文件”-“存储为”，在弹出的对话框中为其重新命名，并设置文件的保存路径和保存类型，然后进行保存。此时保存的将是一个新的文件。

在“存储为”对话框中，可以将文件保存为不同的类型，其中，最常用的是 AI 源文件，PDF 和 EPS 格式的文件适合用于印前排版软件。

4. 导出文件

Illustrator 可以将文件以多种文件格式导出，执行菜单命令“文件”-“导出为”，在弹出的“导出为”对话框中，可以选择保存类型，图 1-16 所示为可选择的文件保存类型。JPG 和 PNG 格式常用于普通的网页。如果需要对文件进行打印，可以选择导出为 TIF 格式。

图 1-15　“存储为”对话框

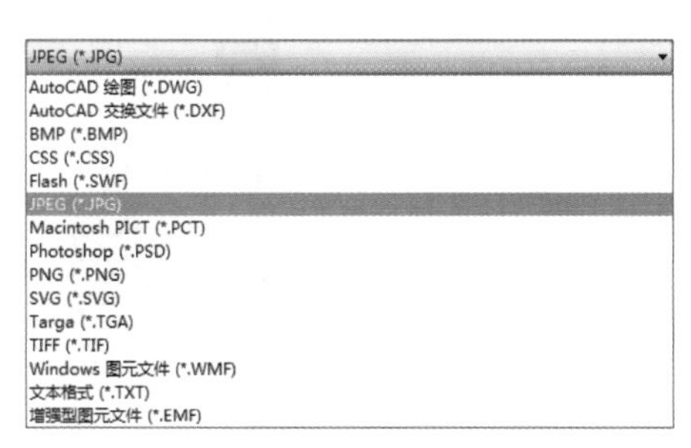

图 1-16　文件保存类型

5. 关闭文件

执行菜单命令“文件”－“关闭”或使用组合键 Ctrl+W，即可将当前文件关闭，也可直接在标题栏中单击 按钮关闭文件。

1.2.3 Illustrator 的视图显示

在使用 Illustrator 绘制和编辑图形或图像的过程中，可以根据需要随时调整图形或图像的视图模式和显示比例，以便对图形或图像进行细致和整体的观察与操作。

1. 视图模式

Illustrator 包括 4 种视图模式，即“预览”“轮廓”“叠印预览”和“像素预览”。在绘制图形或图像的时候，可以根据不同的需要选择不同的视图模式。具体操作方法为执行菜单命令“视图”，在展开的下拉菜单中选择对应的模式，也可使用相关快捷键 / 组合键进行操作。

“预览”模式为系统默认的模式，图 1-17 所示为“预览”模式效果。

“轮廓”模式隐藏了图像的颜色信息，采用线框轮廓的形式来表现图像，可使用组合键 Ctrl+Y 切换到该模式。“轮廓”模式极大地加快了图像的运算速度，提高了工作效率。图 1-18 所示为“轮廓”模式效果。

图 1-17 “预览”模式效果

图 1-18 “轮廓”模式效果

“叠印预览”模式可以显示接近油墨混合的效果，可以使用组合键 Alt+Shift+Ctrl+Y 切换到该模式，图 1-19 所示为“叠印预览”模式效果。

“像素预览”模式可以将绘制的矢量图形转换为位图显示，以有效控制图形的精确度和尺寸，可以使用组合键 Alt+Ctrl+Y 切换该模式，图 1-20 所示为“像素预览”模式效果。

图 1-19 “叠印预览”模式效果

图 1-20 “像素预览”模式效果

2. 显示比例

在绘制图形或图像时，需要使用各种比例来查看文件内容。在 Illustrator 中可以任意放大或缩小画面的显示比例，以便设计师更好地创作。执行菜单命令“视图”，在打开的下拉菜单中即可选择需要的显示比例，如图 1-21 所示。

使用“缩放工具”，单击画面即可实现画面的放大，还可以在按住 Alt 键的同时滚动鼠标滚轮进行图像的放大与缩小。另外，使用“抓手工具”，可以根据需求随意移动画面来查看图像或调整视图，使用“抓手工具”双击图像则可以将图像调整为适合窗口大小显示。在绘制图形的过程中，可以通过按住空格键来切换到“抓手工具”。

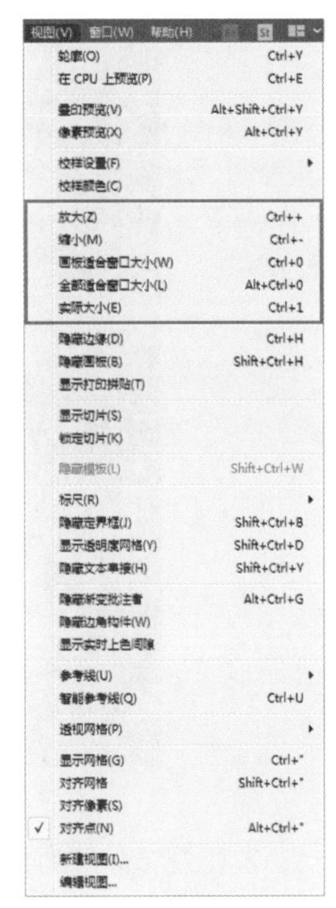

图 1-21　选择显示比例

1.2.4　Illustrator 的页面设置

在使用 Illustrator 绘制图形的过程中，常需要对页面的尺寸等属性进行重新设定。

1. 设置页面参数

如果需要更改页面的相关参数，可以执行菜单命令“文件” - “文档设置”，弹出“文档设置”对话框，在对话框中更改对应的参数，如图 1-22 所示。

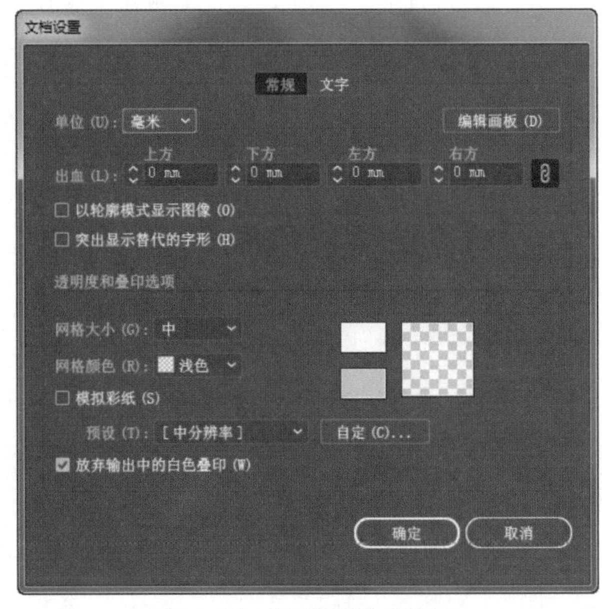

图 1-22　“文档设置”对话框

2. 标尺

执行菜单命令“视图” - “标尺” - “显示标尺”或使用组合键 Ctrl+R，页面中就会显示水平和垂直方向的标尺，如图 1-23 所示。若要隐藏标尺，可再次使用组合键 Ctrl+R。

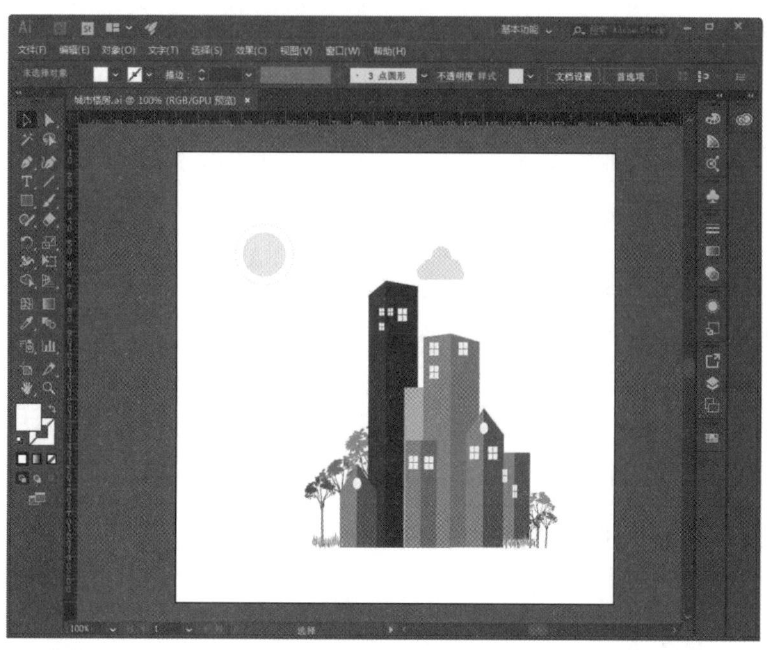

图 1-23　显示标尺

若要设置标尺的显示单位，可以执行菜单命令“编辑” - “首选项” - “单位”，弹出“首选项”对话框，如图 1-24 所示，在“单位” - “常规”下拉列表中设置标尺的显示单位。另外，也可以直接在标尺上单击鼠标右键，进行标尺单位的切换。

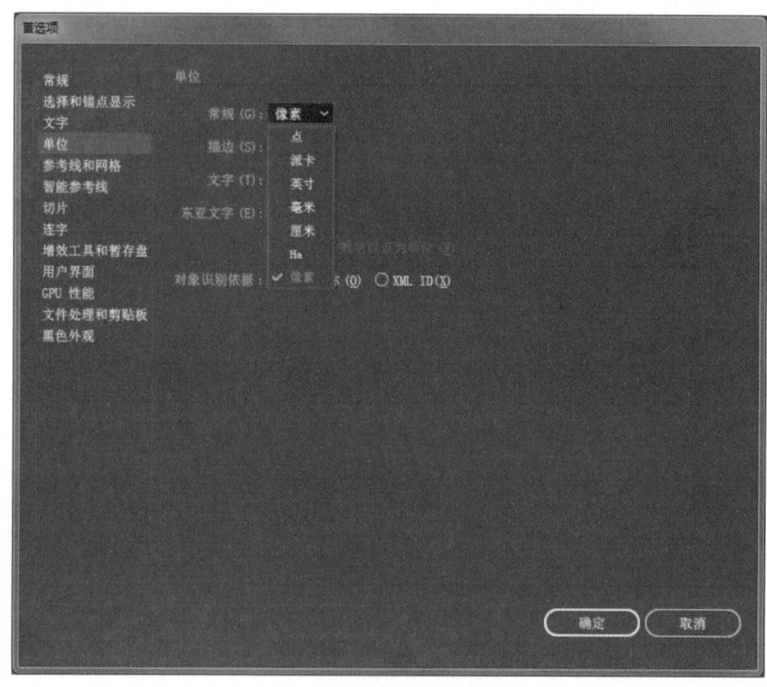

图 1-24　“首选项”对话框

3. 参考线和网格

参考线和网格可以用于精确地确定图形的位置。

（1）参考线

在显示标尺的情况下，在水平或垂直标尺上向中间拖曳鼠标即可产生参考线，如图 1-25 所示。

执行菜单命令“视图” - “参考线”，在打开的子菜单中可以对参考线进行锁定、隐藏、释放、清除等操作，如图 1-26 所示。

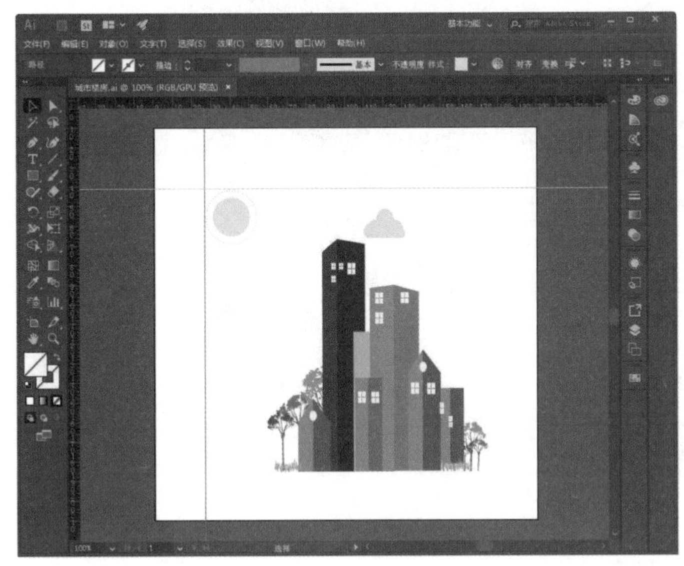

图 1-25　参考线

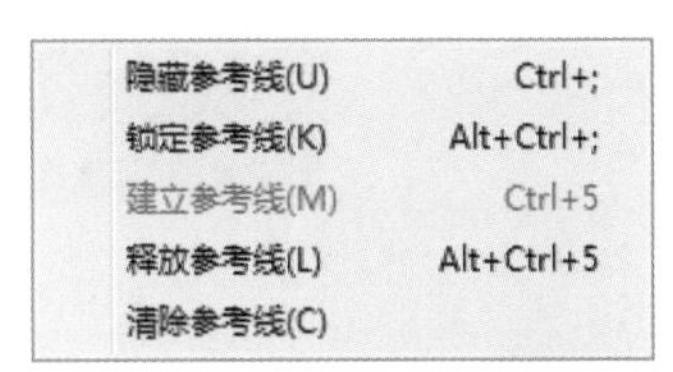

图 1-26　参考线相关操作

（2）网格

网格主要用来对齐图形或确定图形的位置，以便精确地绘制图形或排版。执行菜单命令“视图”-“显示网格”，此时窗口中就会显示出网格，如图 1-27 所示。若要隐藏网格，执行菜单命令“视图” - “隐藏网格”即可。

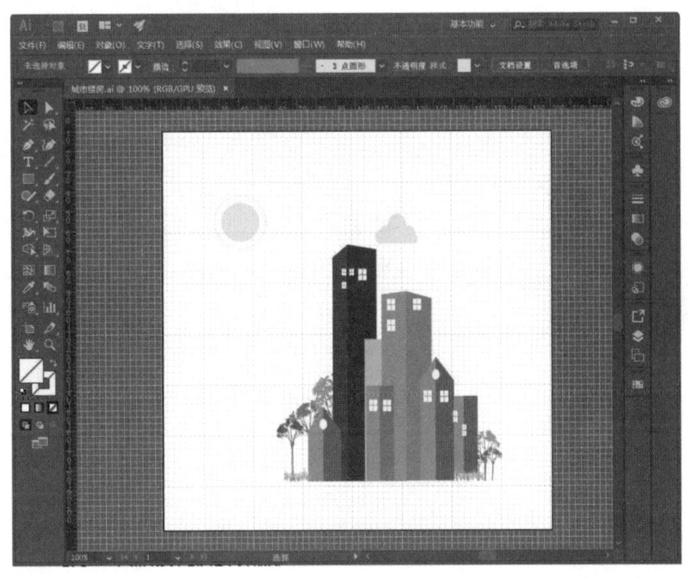

图 1-27　网格

如果在工作的过程中，需要设置网格的颜色、样式和间隔等属性，可以执行菜单命令“编辑”-“首选项”-“参考线和网格”，在弹出的“首选项”对话框中进行设置，如图 1-28 所示。在此对话框中，也可以对参考线的颜色和样式进行设置。

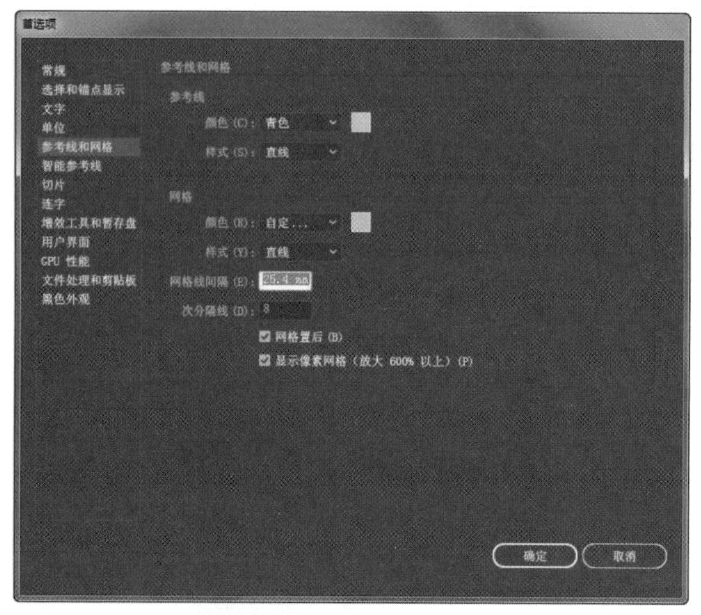

图 1-28　修改网格属性

1.3　平面设计的相关概念

在实际的平面设计工作中，设计师需要了解和熟悉一些与平面相关的概念，使自身更加专业。

1.3.1　位图与矢量图

在计算机应用系统中，包含位图与矢量图两种格式的显示图像。在 Illustrator 中，可以绘制各式各样的矢量图，也可以导入位图图像进行编辑。

图 1-29　将位图图像放大

1. 位图

位图图像也称为点阵图像，由多个单独的像素点组成。这些像素点每个都有其特定的位置和颜色值，位图图像的显示效果与像素点是紧密联系在一起的，不同位置和颜色的像素点一起组成了色彩丰富的图像。像素点越多，图像的分辨率越高，图像的文件体积也会随之增大。位图在进行缩放操作时图像会失真，图 1-29 所示为图像放大后出现锯齿、变得模糊的情况。

2. 矢量图

矢量图也称为向量图，它以数学的计算方式来记录图形内容，使用直线和曲线来描述图形。矢量图的最大优点就是放大、缩小或旋转后都不会失真，且文件体积较小，其缺点是难以实现色彩层次丰富的逼真图像效果。矢量图与分辨率无关，因此图形在被缩放时，其清晰度、形状、颜色都不会发生改变。图 1-30 所示为一幅矢量图。

图 1-30　矢量图

1.3.2　纸张规格与出血

印刷品在生活中随处可见，书籍、报纸、广告宣传页等都属于印刷品，Illustrator 是印前制作工作中常用的软件。使用 Illustrator 前需要掌握一些常见的与印刷相关的基础知识，以便更好地设计和制作作品。

1. 纸张规格

常见的纸张规格包括全开、2 开（对开）、4 开、8 开和 16 开，同时这几种开度又分为正度、大度。日常生活中见到的宣传册、三折页和杂志一般是大度 16 开。开数对应的成品尺寸如表 1-1 所示，其中“大”表示大度，“正”表示正度。

表 1-1　纸张规格（成品尺寸）

开数	成品尺寸（mm）
全开	大 840 × 1140 正 740 × 1040
2 开（对开）	大 570 × 840 正 530 × 760
4 开	大 420 × 570 正 380 × 530
8 开	大 285 × 420 正 260 × 380
16 开	大 210 × 285 正 185 × 260

2. 出血

出血又称为裁切边，设计尺寸一般要比成品尺寸大，在印刷后，多出来的尺寸需要被裁切掉，这部分就被称为出血。

预留出血的目的是避免裁切后的成品露出白边影响页面美观或裁切到内容部分，方便印刷制作。成品尺寸 = 设计尺寸 − 出血。例如，在实际创作中，一个宣传单页的成品尺寸是 210mm × 285mm，4 条边都需要加 3mm 的出血，那么设计尺寸就为 216mm × 291mm。图 1-31 所示为设置出血后的页面，设计师需要在红色框线内进行设计。

图 1-31　设置出血后的页面

1.3.3 色彩模式

色彩模式决定了用于显示和打印处理的图稿的颜色模型。色彩模式基于颜色模型，选择某种特定的色彩模式就相当于选用了某种特定的颜色模型。在 Illustrator 中，拾色器包含 RGB、CMYK 和 HSB 共 3 种颜色模型，在设计工作中，常用的色彩模式有 RGB 模式和 CMYK 模式。

图 1-32 RGB 模式

1.RGB 模式

RGB 模式通过将红、绿、蓝 3 种色光按照不同的组合重叠在一起生成可见色谱中的所有颜色，红、绿、蓝两两重叠，会生成青色、洋红色和黄色。在 RGB 模式下，“R”“G”“B”选项都可以使用从 0（黑色）~255（白色）的值，如图 1-32 所示。

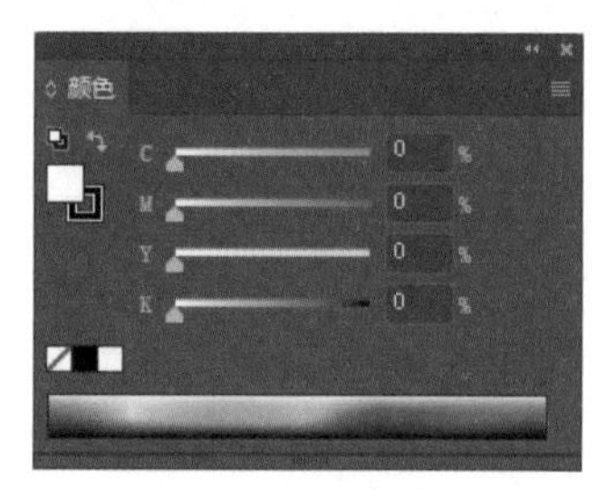

图 1-33 CMYK 模式

2.CMYK 模式

CMYK 模式是一种减色混合模式，它是指本身不能发光，但能吸收一部分光并将余下的光反射出去的色彩混合。C 代表青色、M 代表洋红色、Y 代表黄色、K 代表黑色。在 CMYK 模式下，“C”“M”“Y”“K”选项都可设置 0% ~ 100% 的值，如图 1-33 所示。

1.3.4 演示案例：位图转矢量图

演示案例：位图转矢量图

将设计素材矢量化处理，可以使素材在放大后保持足够的清晰度，提升设计作品的画面质感与质量。素材矢量化处理是设计师在设计过程中经常会用到的一项技能。

位图转矢量图的案例使用 Illustrator 中的“图像描摹”命令和“图像描摹”面板完成。通过此案例，读者可以详细了解和掌握描摹参数的设置对结果的影响。

最终完成效果如图 1-34 所示。

（1）打开 Illustrator，将“书法素材 1.tif”置入其中进行矢量化处理，如图 1-35 所示。

图 1-34 最终完成效果

图 1-35 置入图片素材

（2）用“选择工具”选取置入的书法图片，然后在工具属性栏的“描摹预设”下拉菜单中执行“图像描摹”－“扩展”命令，对图像进行描摹处理，此时图像转成矢量图形，如图 1-36 所示。

（3）描摹后，虽然得到了一个矢量图形，但是书法字体的细节丢失了很多，也缺少了韵味，原因是预设的默认参数不合适。要想解决这个问题，可以使用“图像描摹”面板，如图 1-37 所示。

图 1-36　图像描摹后的结果

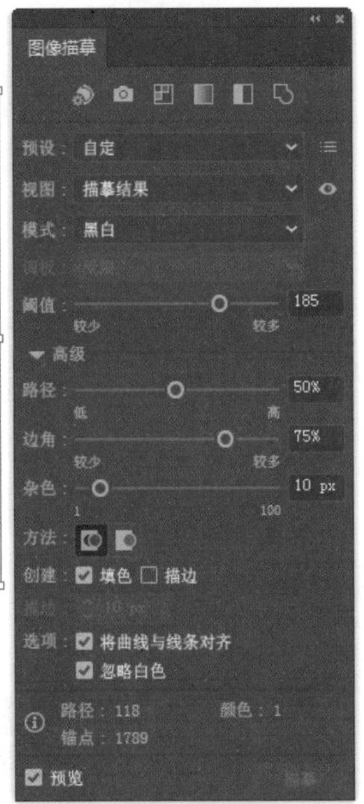

图 1-37　“图像描摹”面板

（4）要解决字体细节丢失的问题，需要在置入“书法素材 1.tif ”后，在菜单栏中执行“窗口”－“图像描摹”命令，在“图像描摹”面板中展开“高级”选项组，设置“路径”为 100%，“边角”为 88%，“杂色”为 6px，勾选“忽略白色”复选框可以将素材中的白色部分自动剔除，勾选“预览”复选框可以直接看到调整后的效果。图 1-38 所示为图像描摹参数的设置，图 1-39 为图像描摹结果。

（5）设置完成后，执行菜单命令“描摹预设”－“图像描摹”－“扩展”，完成图像描摹的操作，使用“图像描摹”面板进行图像描摹的结果与图 1-36 所示的图像描摹结果的对比如图 1-40 所示。

通过对比不难发现，利用“图像描摹”面板得到的结果细节表现更加丰富，书法的韵味也更强。同时，图像边缘清晰程度、色彩的明度和色相等因素对描摹效果都会产生影响。在图像描摹操作中，要对画面有针对性地进行强化处理，以便得到理想的设计素材以及视觉表现效果。

图 1-38　图像描摹参数的设置

图 1-39　图像描摹结果

（a）图 1-36 所示的图像描摹结果

（b）使用“图像描摹”面板进行图像描摹的结果

图 1-40　使用“图像描摹”面板进行图像描摹前后的对比。

课堂练习

使用 Illustrator 将素材“矢量建筑 - 完稿 .ai”另存为 PDF 文件，以及导出为 JPG 文件，效果如图 1-41、图 1-42 所示，具体制作要求如下。

（1）文档要求：画布尺寸为 285mm × 100mm，颜色模式为 RGB。

（2）存储要求：PDF 文件按照印刷文件进行设置，注意成品尺寸与出血尺寸的设置，同时对输出文件进行“裁切标记”“套准标记”“颜色条”“使用文件出血设置”的操作；对 JPG 文件进行“图像品质”“压缩方法”“分辨率”的设置。

图 1-41　另存为 PDF 文件

图 1-42　导出为 JPG 文件

本章总结

本章围绕 Illustrator 的基本应用与操作，详细讲解了 Illustrator 在图形设计、文字设计、插画设计、版式设计等方面的应用。本章重点对 Illustrator 的基本操作进行了讲解，包括其工作界面的介绍，新建、打开、保存、导出、关闭文档的具体操作方式，视图显示及页面设置的技巧与方法。读者通过本章的学习，除了可以掌握 Illustrator 软件的基本使用方法外，还能对平面设计中位图、矢量图、印刷常识及色彩模式的概念有所了解，为之后的设计工作打下坚实的基础。

课后练习

设计师在工作过程中会经常接触文件的存储、导出、转换，所以熟悉软件所支持的文件格式对提升工作效率有很大的帮助。使用 Illustrator 进行素材文件的导出和存储练习，要求了解 Illustrator 所支持的文件格式并熟悉相关设置。

（1）文档要求：画布尺寸为 285mm × 190mm，颜色模式为 RGB。

（2）存储要求：PDF 文件按照印刷文件进行设置，注意成品尺寸与出血尺寸的设置，对 PDF 文件进行“PDF 文件预设”“裁切标记”“套准标记”“颜色的条”“使用文件出血设置”的操作；导出 JPG 文件时进行“图像品质”“压缩方法”“分辨率”的设置；导出 TIF 文件时进行“颜色模型”“LZW 压缩（基于表查询算法把文件压缩成小文件的无损压缩方法）”“分辨率”的设置。当进行印刷素材输出时，“颜色模型”应选择CMYK，分辨率设置为300ppi（像素每英寸）。

3 种文件的具体设置分别如图 1-43 ~ 图 1-45 所示。PDF 文件存储结果和 JPG 文件导出结果分别如图 1-46、图 1-47 所示。

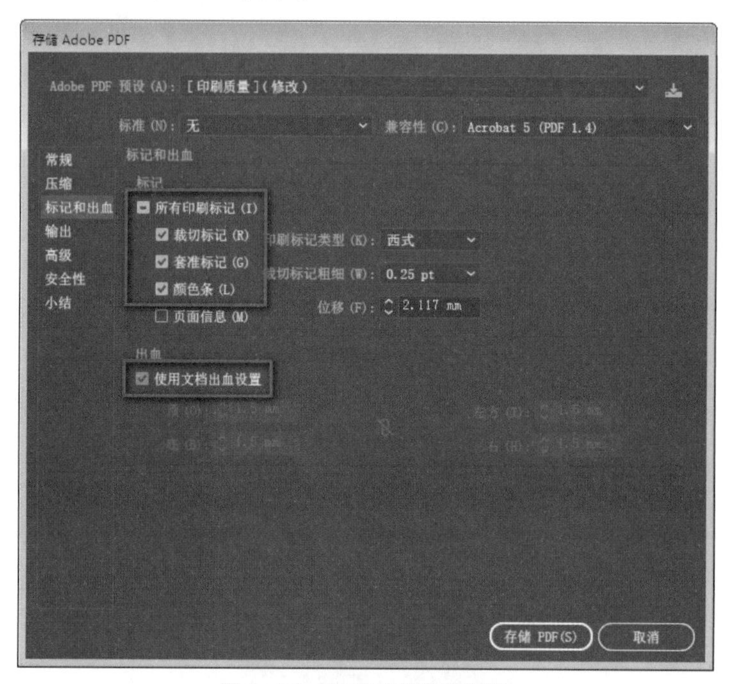

图 1-43　PDF 文件存储设置

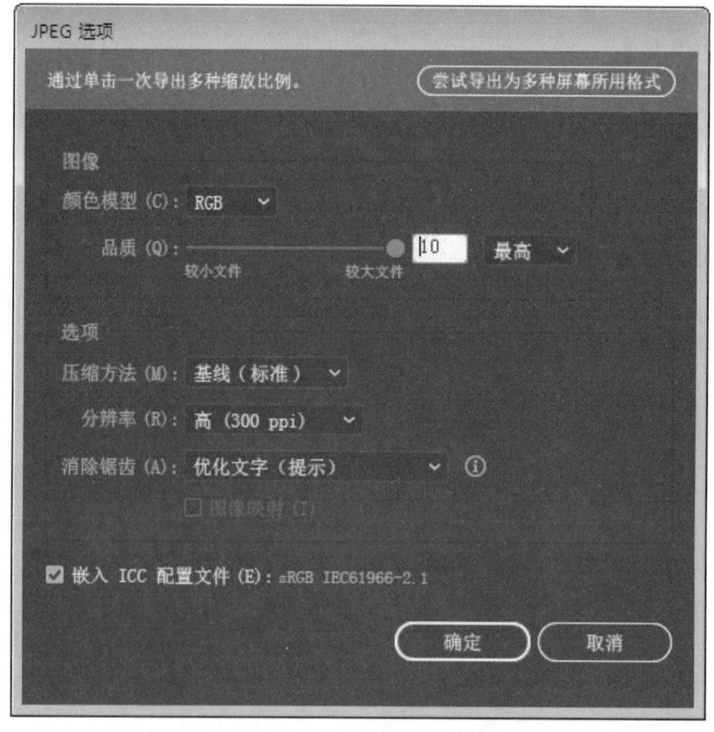

图 1-44　JPG 文件导出设置

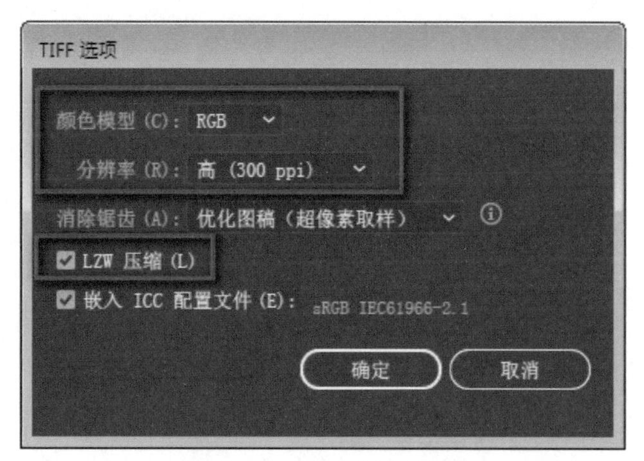

图 1-45　TIF 文件导出设置

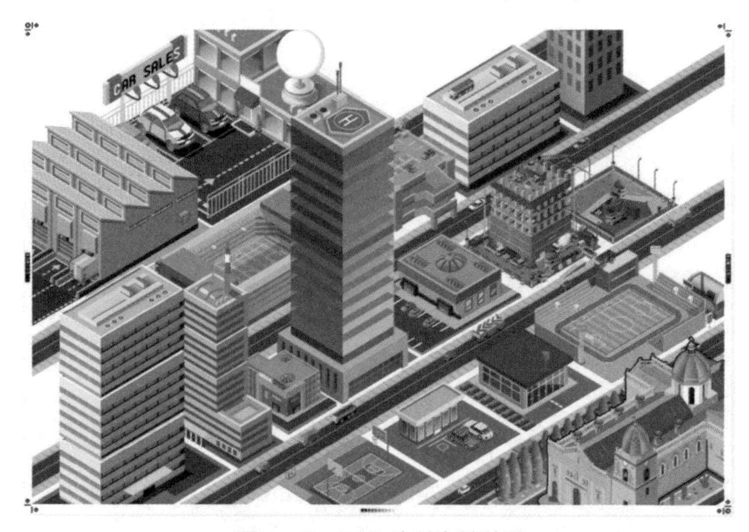

图 1-46　PDF 文件存储结果

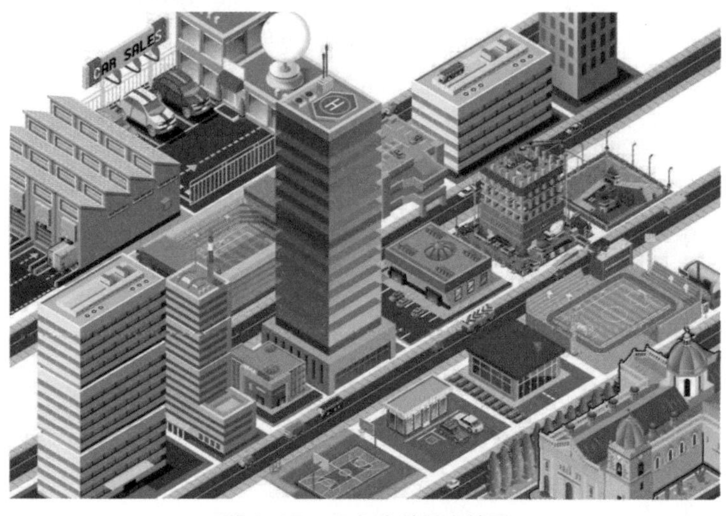

图 1-47　JPG 文件导出结果

第 2 章

图形的绘制与编辑

【本章目标】

- 掌握直线、弧线、螺旋线、网格等基本图形的绘制方法
- 掌握画笔、铅笔等手绘图形工具的使用方法
- 掌握图形对象的编辑方法和技巧

【本章简介】

在 Illustrator 中，掌握图形的绘制方法是设计创作的基石。本章将从基本图形的绘制开始，讲解 Illustrator 中线段工具组和形状工具组的使用方法，讲解画笔工具、铅笔工具等手绘图形工具的使用方法，详细介绍图形对象的编辑方法。本章内容可为读者进一步掌握 Illustrator 打下基础。

2.1 基本图形的绘制

在平面设计中，线段和形状是组成图形的基本元素。Illustrator 提供了线段工具组和形状工具组，利用这两个工具组可以进行各种创意设计。

2.1.1 线段工具组

线段工具组包括“直线段工具”“弧形工具”“螺旋线工具”“矩形网格工具”和“极坐标网格工具”，如图 2-1 所示。

1. “直线段工具”

使用“直线段工具”可以绘制任意直线段，并可以通过对其进行编辑产生很多复杂的图形对象。选择“直线段工具”，在需要的位置单击并按住鼠标左键直接拖曳，然后释放鼠标左键即可绘制出一条直线段，图 2-2 所示为使用“直线段工具”绘制的斜线。

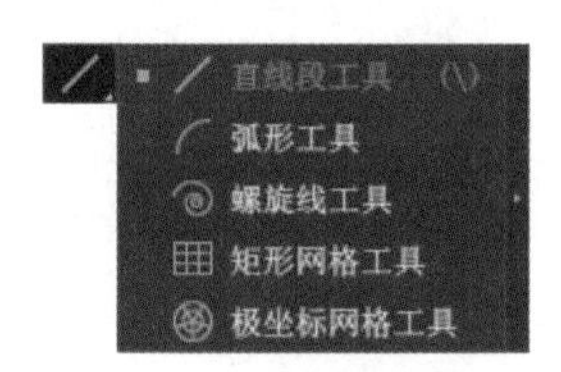

图 2-1　线段工具组

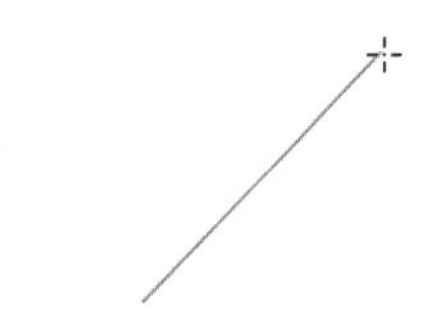

图 2-2　使用“直线段工具”绘制的斜线

> **小技巧**
>
> 使用“直线段工具”时，在按住鼠标左键进行拖曳的同时：
>
> - 按住 Shift 键，可以绘制出水平、垂直或与水平线成 45° 角及其倍数的直线段；
> - 按住 Alt 键，可以绘制出以鼠标单击点为中心的直线段；
> - 按住～键，可以绘制出多条直线段。
>
> 3 种效果如图 2-3 所示。
>
> 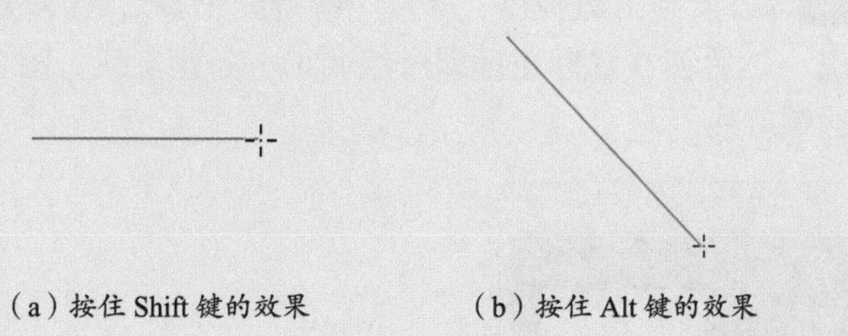
>
> （a）按住 Shift 键的效果　（b）按住 Alt 键的效果
>
> 
>
> （c）按住～键的效果
>
> 图 2-3　“直线段工具”绘制技巧

如果需要精确按照长度和角度来绘制直线段，可以利用“直线段工具选项”对话框。选择“直线段工具”，在需要的位置单击，或者直接双击“直线段工具”，即可弹出“直线段工具选项”对话框，如图 2-4 所示，在对话框中可以根据需要设置直线段的长度、角度，以及线段是否填色。

2. “弧形工具”

使用“弧形工具”可以绘制任意弧度的弧线。选择“弧形工具”，在需要的位置单击并按住鼠标左键直接拖曳，然后释放鼠标左键即可绘制出一条任意弧度的弧线，图 2-5 所示为使用“弧形工具”绘制的弧线。

图 2-4 “直线段工具选项”对话框

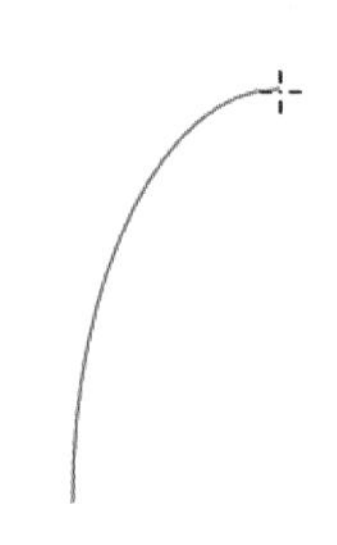

图 2-5 使用“弧形工具”绘制的弧线

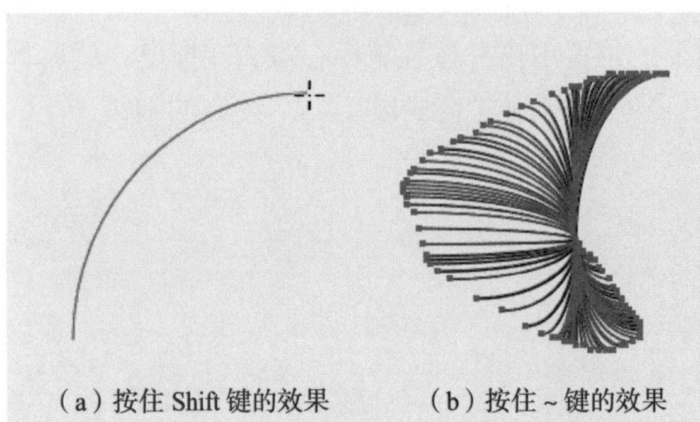

（a）按住 Shift 键的效果　（b）按住 ~ 键的效果

图 2-6 “弧形工具”绘制技巧

小技巧

使用“弧形工具”时，在按住鼠标左键进行拖曳的同时：

- 按住 Shift 键，可以绘制出在水平和垂直方向上长度相等的弧线；
- 按住 ~ 键，可以绘制出多条弧线。

两种效果如图 2-6 所示。

如果需要精确地绘制弧线，可以使用“弧线段工具选项”对话框。选择“弧形工具”，在需要的位置单击，或者直接双击“弧形工具”，即可弹出“弧线段工具选项”对话框，如图 2-7 所示，在对话框中可以根据需要设置弧线的 X 轴长度、Y 轴长度、类型、基线轴、斜率，以及弧线是否填色。

3. “螺旋线工具”

使用“螺旋线工具”可以绘制出螺旋线。选择“螺旋线工具”，在需要的位置单击并按住鼠标左键直接拖曳，然后释放鼠标左键即可绘制出一条螺旋线，图 2-8 所示为使用“螺旋线工具”绘制的螺旋线。

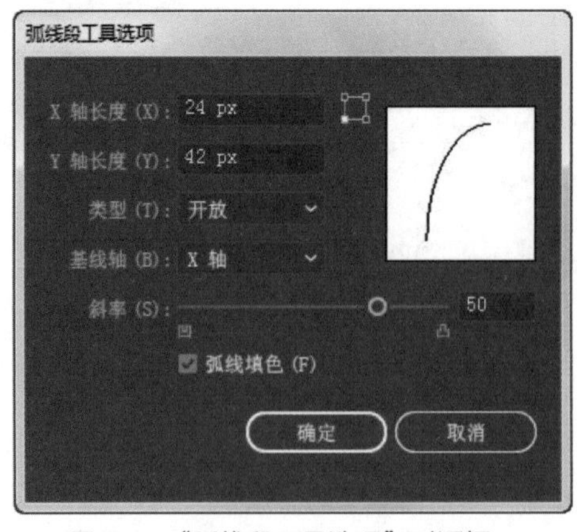

图 2-7 “弧线段工具选项”对话框

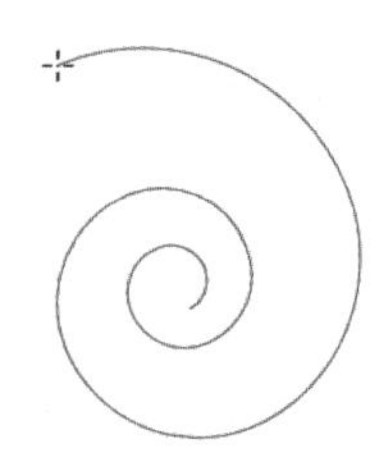

图 2-8 使用“螺旋线工具”绘制的螺旋线

小技巧

使用“螺旋线工具”时，在按住鼠标左键进行拖曳的同时：

- 按住 Shift 键，绘制的螺旋线转动的角度将是固定角度，默认为 45°；
- 按住～键，可以绘制出多条螺旋线。

两种效果如图 2-9 所示。

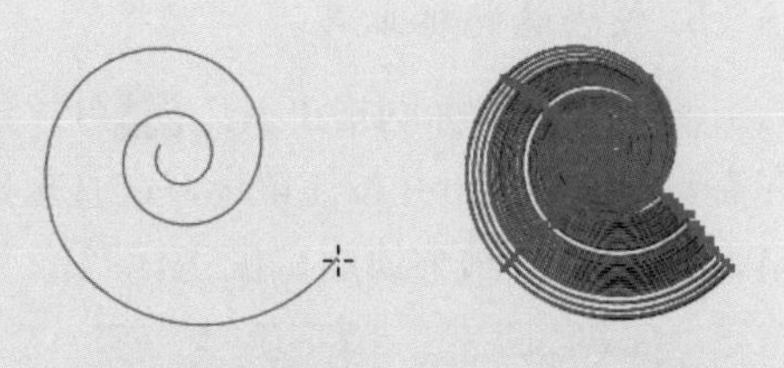

（a）按住 Shift 键的效果　（b）按住～键的效果

图 2-9 “螺旋线工具”绘制技巧

如果需要精确地绘制螺旋线，可以使用“螺旋线”对话框。选择“螺旋线工具”，在需要的位置单击即可弹出“螺旋线”对话框，如图 2-10 所示，在对话框中可以根据需要设置螺旋线的半径、衰减值、段数和样式。

4.“矩形网格工具”

使用“矩形网格工具”可以绘制出矩形网格。选择“矩形网格工具”，在需要的位置单击并按住鼠标左键直接拖曳，然后释放鼠标左键即可绘制出一个矩形网格，图 2-11 所示为使用“矩形网格工具”绘制的矩形网格。

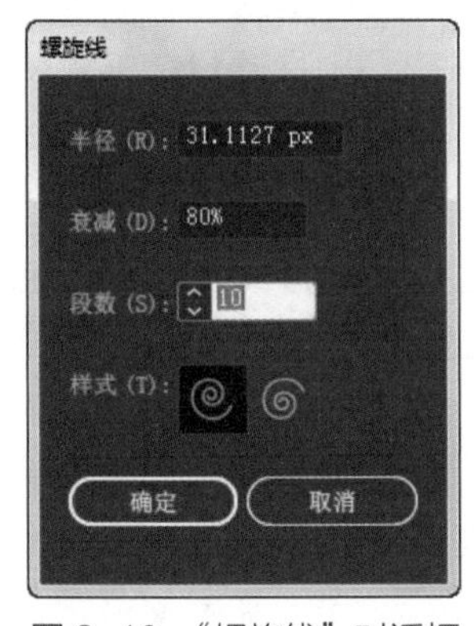

图 2-10 “螺旋线”对话框

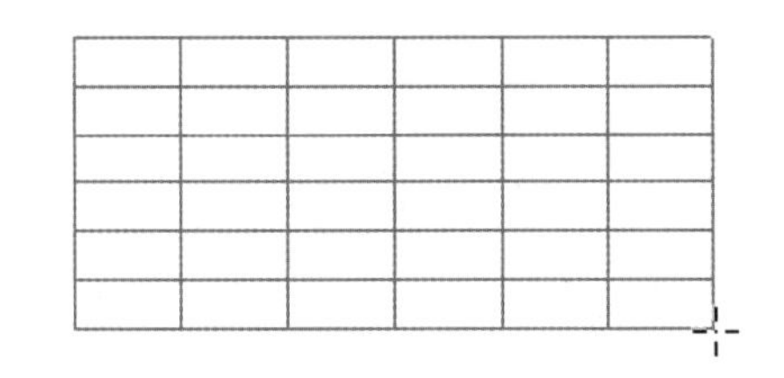

图 2-11 使用“矩形网格工具”绘制的矩形网格

小技巧

使用“矩形网格工具”时，在按住鼠标左键进行拖曳的同时：

- 按住 Shift 键，可以绘制出一个正方形网格；
- 按住～键，可以绘制出多个矩形网格。

两种效果如图 2-12 所示。

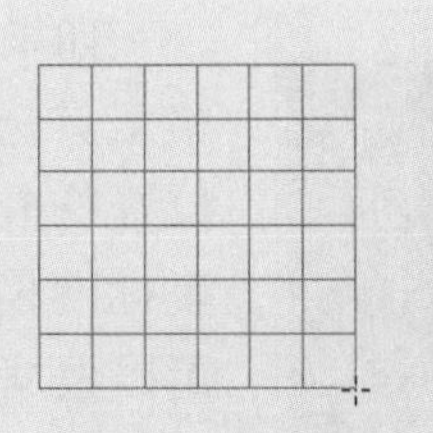

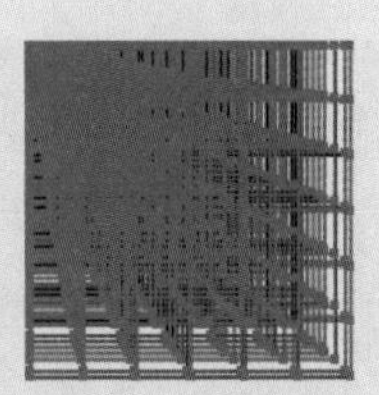

（a）按住 Shift 键的效果　（b）按住～键的效果

图 2-12 “矩形网格工具”绘制技巧

如果需要精确地绘制矩形网格，可以使用“矩形网格工具选项”对话框。选择“矩形网格工具”，在需要的位置单击，或者直接双击“矩形网格工具”，即可弹出“矩形网格工具选项”对话框，如图 2-13 所示，在对话框中可以根据需要设置网格的默认大小、水平分隔线、垂直分隔线等参数。

5. 极坐标网格工具

使用“极坐标网格工具”可以绘制出一个极坐标网格。选择“极坐标网格工具”，在需要的位置单击并按住鼠标左键直接拖曳，然后释放鼠标左键即可绘制出一个极坐标网格，图 2-14 所示为使用“极坐标网格工具”绘制的极坐标网格。

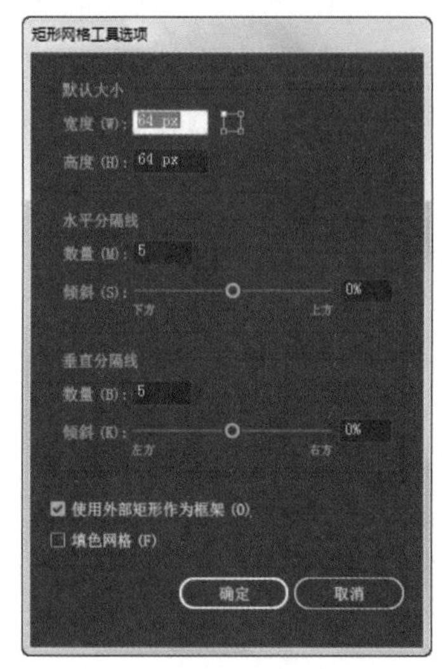

图 2-13 “矩形网格工具选项”对话框

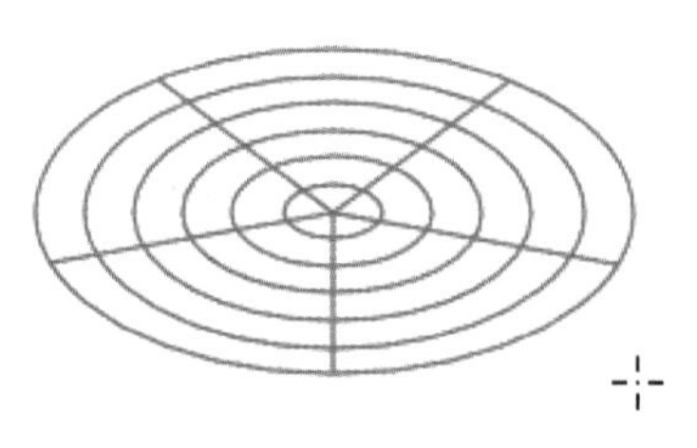

图 2-14 使用“极坐标网格工具”绘制的极坐标网格

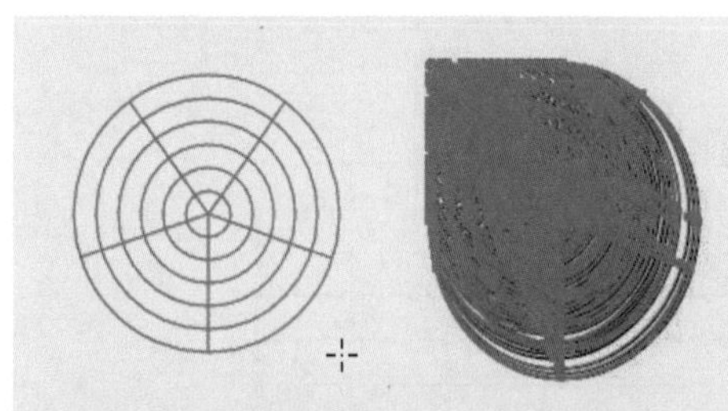

（a）按住 Shift 键的效果 （b）按住~键的效果

图 2-15 “极坐标网格工具”绘制技巧

小技巧

使用“极坐标网格工具”时，在按住鼠标左键进行拖曳的同时：

- 按住 Shift 键，可以绘制出一个圆形极坐标网格；
- 按住~键，可以绘制出多个极坐标网格。

两种效果如图 2-15 所示。

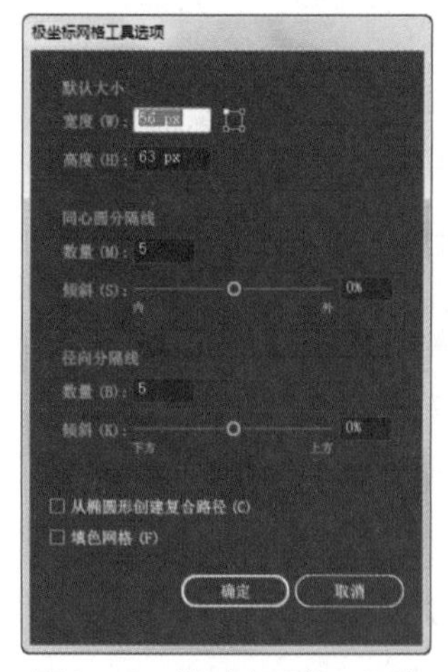

图 2-16 “极坐标网格工具选项”对话框

如果需要精确地绘制极坐标网格，可以利用“极坐标网格工具选项”对话框。选择“极坐标网格工具”，在需要的位置单击，或者直接双击“极坐标网格工具”，即可弹出“极坐标网格工具选项”对话框，如图 2-16 所示，在对话框中可以根据需要设置网格的默认大小、同心圆分隔线、径向分隔线等参数。

提示

在使用“矩形网格工具”和“极坐标网格工具”绘制图形时，可以使用键盘上的方向键来增加或减少网格的行数。

2.1.2 形状工具组

形状工具组包括“矩形工具”“圆角矩形工具”“椭圆工具”“多边形工具”“星形工具”和“光晕工具”，如图 2-17 所示。

1.“矩形工具”和“圆角矩形工具”

“矩形工具”和“圆角矩形工具”的使用方法一致。选择工具，在需要的位置单击并按住鼠标左键直接拖曳，然后释放鼠标左键即可绘制出一个矩形或圆角矩形，图 2-18 所示为绘制的矩形和圆角矩形。

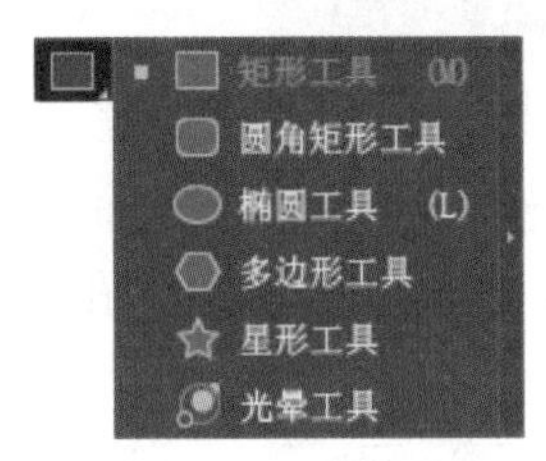

图 2-17 形状工具组

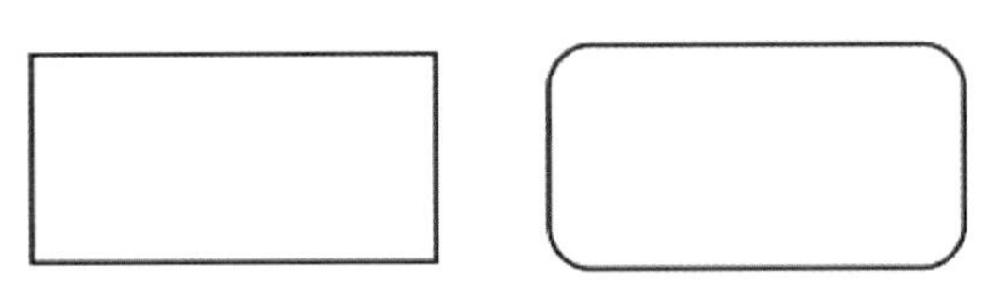

图 2-18 矩形和圆角矩形

按住 Shift 键，可以绘制正方形或宽高相等的圆角矩形；按住 ~ 键，可以绘制多个矩形或多个圆角矩形。如果需要按照固定的宽、高来绘制矩形或圆角矩形，只需要在选择工具后，在需要的位置单击，在弹出的“矩形”或“圆角矩形”对话框中设置相应的参数即可。图 2-19 所示为“矩形”对话框和“圆角矩形”对话框。

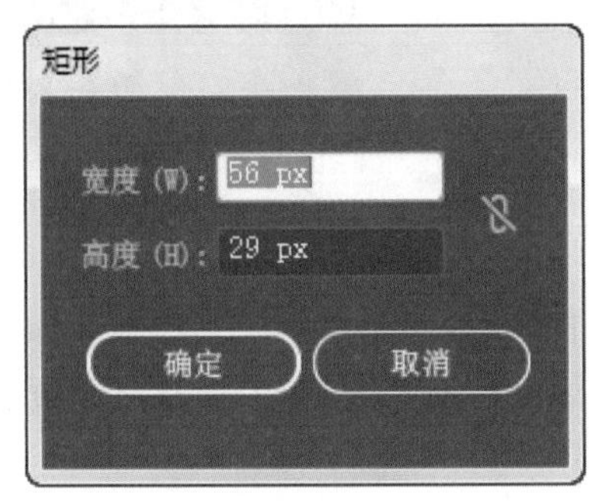

（a）“矩形”对话框

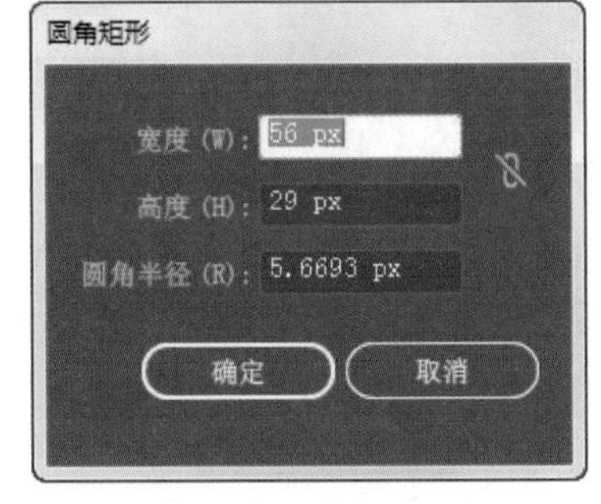

（b）“圆角矩形”对话框

图 2-19 “矩形”对话框和“圆角矩形”对话框

2.“椭圆工具”

使用“椭圆工具”可以绘制出椭圆形或者圆形。选择工具，在页面中需要的位置单击并按住鼠标左键直接拖曳，然后释放鼠标左键即可绘制出一个椭圆形。在拖曳鼠标的同时按住 Shift 键可以绘制出一个圆形。图 2-20 所示为绘制的椭圆形和圆形。在拖曳鼠标的同时按住 ~ 键，可以绘制出多个椭圆形。

如果需要按照固定的宽、高来绘制椭圆形，只需要在选择工具后，在页面中需要的位置单击，在弹出的“椭圆”对话框中设置椭圆的宽度和高度即可。图 2-21 所示为“椭圆”对话框。

3.“多边形工具”

使用“多边形工具”可以绘制出任意多边形。选择工具，在页面中需要的位置单击并按住鼠标左键直接拖曳，然后释放鼠标左键即可绘制出一个多边形。在拖曳鼠标的同时按住 Shift 键可以绘制出一个正多边形。图 2-22 所示为绘制的多边形和正多边形。在拖曳鼠标的同时按住 ~ 键，可以绘制出多个多边形。

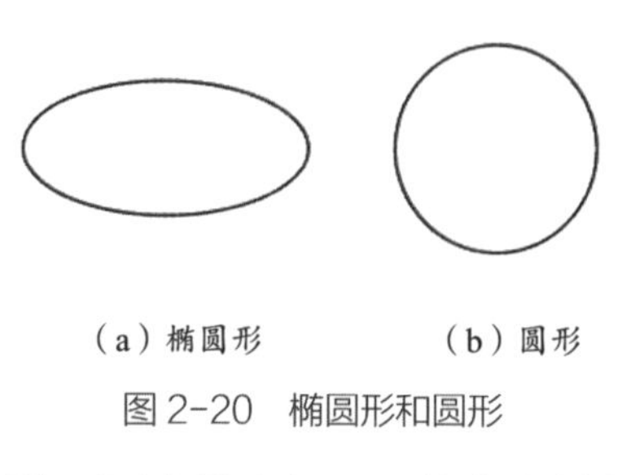

（a）椭圆形　　（b）圆形

图 2-20　椭圆形和圆形

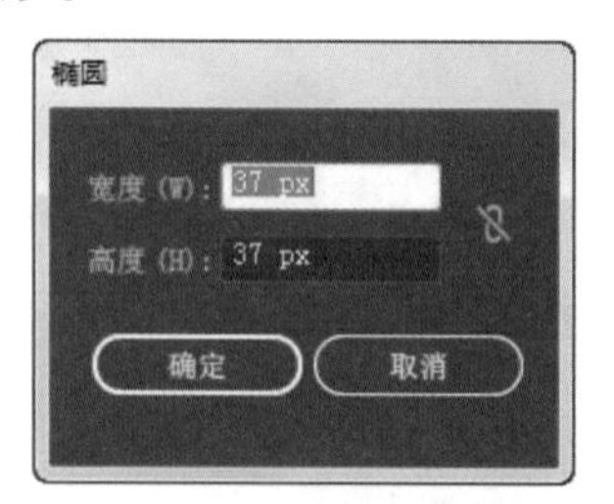

图 2-21　“椭圆”对话框

如果需要按照固定的半径和边数来绘制多边形，只需要在选择工具后，在页面中需要的位置单击，在弹出的“多边形”对话框中设置多边形的半径和边数即可。图 2-23 所示为“多边形”对话框。

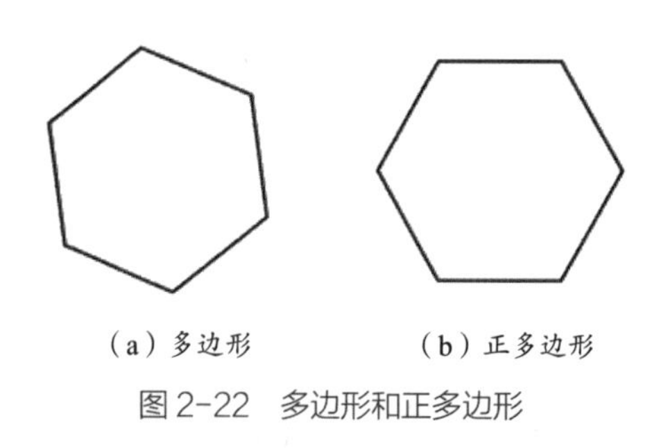

（a）多边形　　（b）正多边形

图 2-22　多边形和正多边形

图 2-23　“多边形”对话框

4. “星形工具”

使用“星形工具” 可以绘制出星形。选择工具，在页面中需要的位置单击并按住鼠标左键直接拖曳，然后释放鼠标左键即可绘制出一个星形。在拖曳鼠标的同时按住 Shift 键可以绘制出一个正星形。图 2-24 所示为绘制的星形和正星形。在拖曳鼠标的同时按住 ~ 键，可以绘制出多个星形。

如果需要精确地绘制星形，只需要在选择工具后，在页面中需要的位置单击，在弹出的“星形”对话框中设置星形的半径和角点数即可。图 2-25 所示为“星形”对话框。

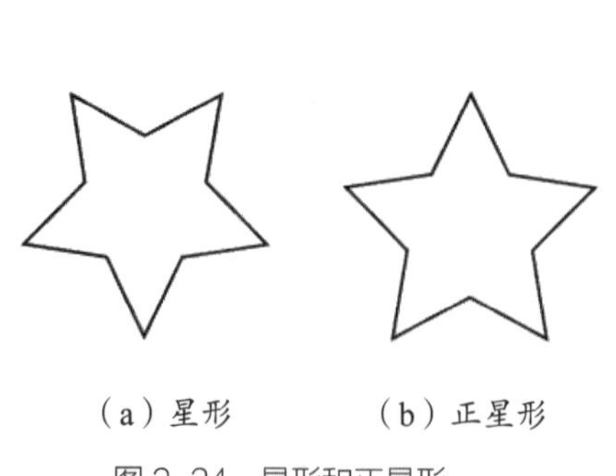

（a）星形　　（b）正星形

图 2-24　星形和正星形

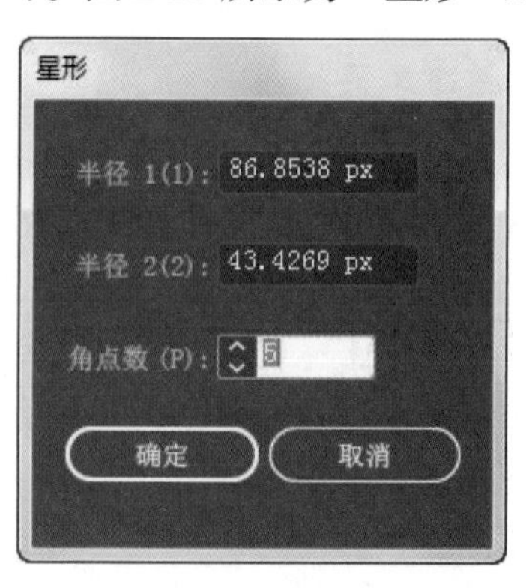

图 2-25　“星形”对话框

5.“光晕工具”

使用“光晕工具”可以绘制出光晕效果。选择工具，在页面中需要的位置单击并按住鼠标左键直接拖曳，释放鼠标左键，然后在其他位置单击并拖曳鼠标，释放鼠标左键后即可绘制出光晕效果，如图 2-26 所示。

如果需要精确地绘制光晕效果，只需要在选择工具后，在页面中需要的位置单击，或者双击“光晕工具”，在弹出的“光晕工具选项”对话框中设置光晕的相关参数即可。图 2-27 所示为“光晕工具选项”对话框。

图 2-26　光晕效果

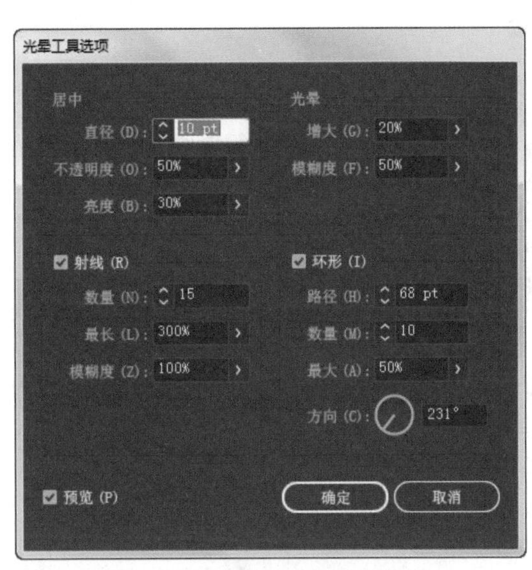

图 2-27　“光晕工具选项”对话框

2.1.3　演示案例：填充图标的绘制

绘制矢量图标、图形，是 Illustrator 的主要功能之一。矢量素材可以在放大使用时保持足够的清晰度，提升设计作品的画面质感与质量，是设计师在设计过程中经常会用到的一种素材。

本案例制作一个填充图标，最终完成效果如图 2-28 所示。

图 2-28　最终完成效果

（1）新建文档。启动 Illustrator 软件，新建文档，尺寸为 210mm × 285mm，方向为横向，色彩模式为 CMYK。

（2）绘制圆角矩形图形。在工具栏中选择“圆角矩形”工具，在页面中适当位置单击，弹出“圆角矩形”对话框，设置“宽度”和“高度”均为 100mm，“圆角半径”为 10mm，单击“确定”按钮完成第一个圆角矩形的绘制，如图 2-29 所示。

（3）为图形填充颜色。选取绘制好的圆角矩形，在工作界面右侧的控制面板中选择“颜色”面板，设置 C 为 0%、M 为 60%、Y 为 85%、K 为 0%，完成图形的颜色填充，效果如图 2-30 所示。

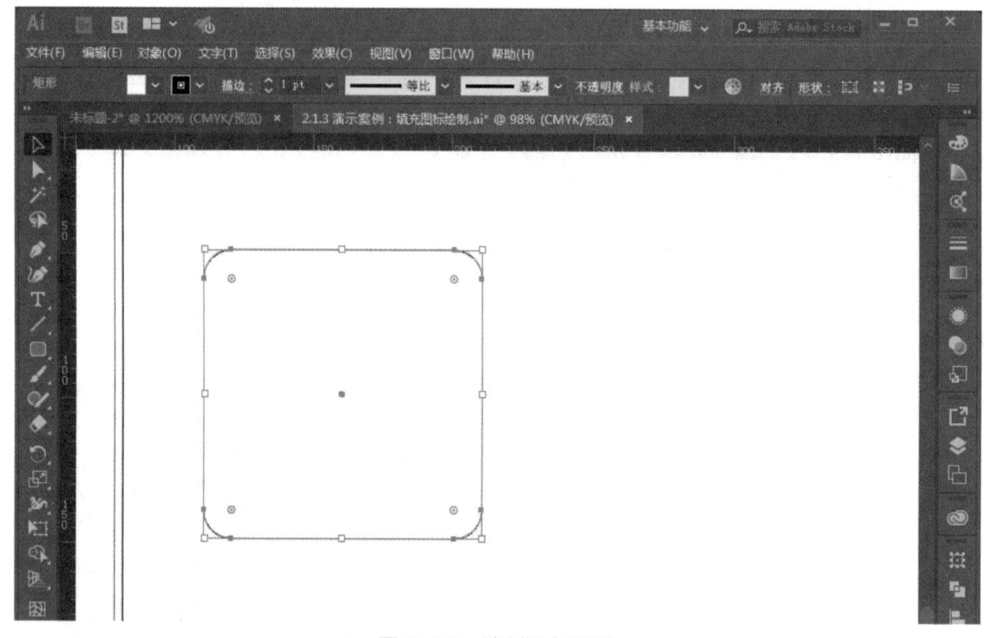

图 2-29　绘制圆角矩形

（4）创建第二个圆角矩形。选取填充的圆角矩形，按组合键 Ctrl+C 进行复制，随即按组合键 Ctrl+F “贴在前边”，此时将得到两个重叠在一起的、填充属性相同的圆角矩形，如图 2-31 所示。

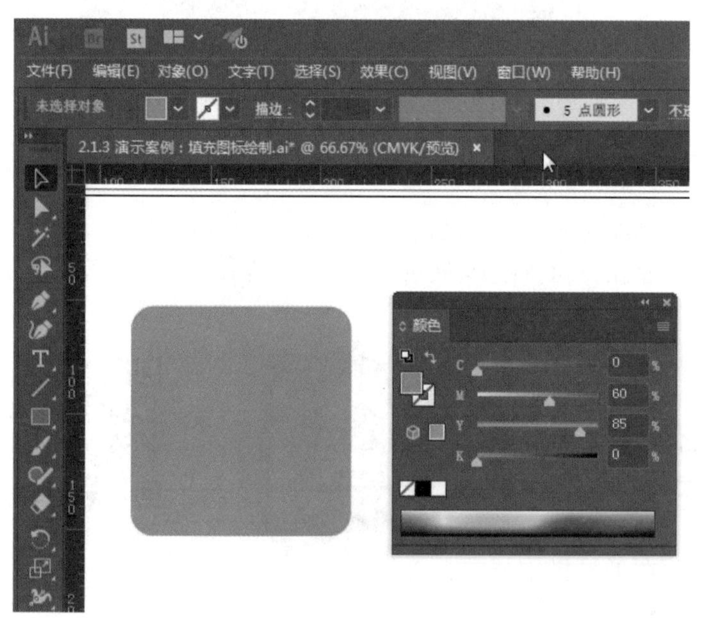

图 2-30　为圆角矩形填充颜色

图 2-31　两个重叠在一起的、填充属性相同的圆角矩形

（5）调整图形大小。使用“选择工具”在上层的圆角矩形定界框任一角上按住鼠标左键，同时按住 Shift 键与 Alt 键向图形中心拖曳调节点，数字变化到 80mm 时，释放鼠标左键，完成上层圆角矩形的缩小操作，如图 2-32 所示。

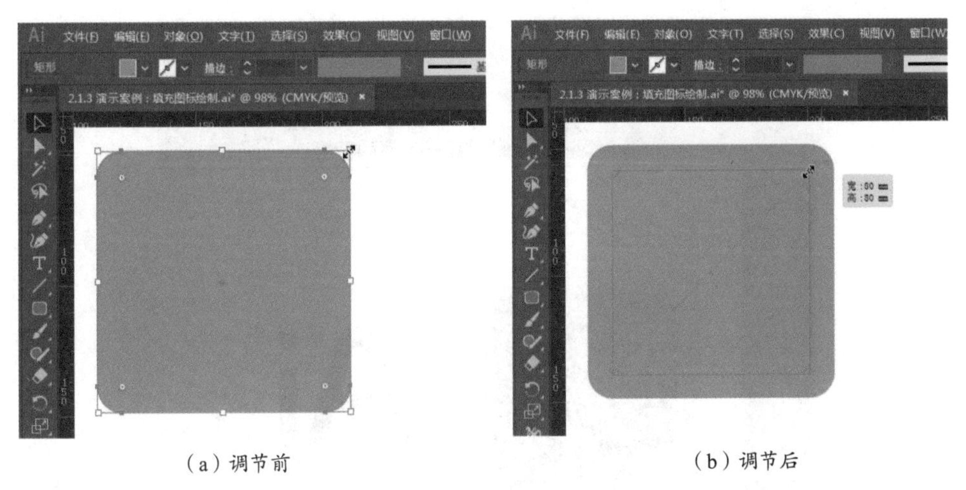

（a）调节前　　（b）调节后

图 2-32　调节上层圆角矩形的尺寸

此时图形的圆角弧度偏大，美观度较差，需要进一步调节圆角弧度。圆角矩形处于被选中状态时，会有 4 个“实时圆角”控制点，拖曳鼠标使数字变化到 5.04mm，使其与下层圆角矩形的圆角弧度协调，从而增强图形的美观度，如图 2-33 所示。

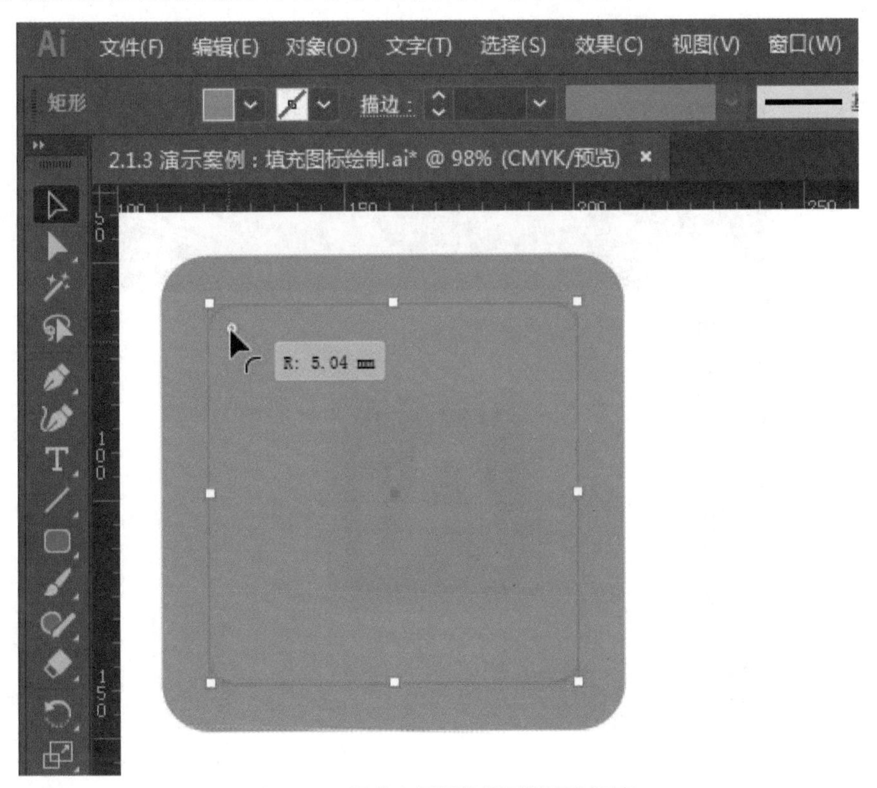

图 2-33　调节上层圆角矩形的圆角弧度

（6）制作图标中的“Ai”元素。选择“文本工具” T，在画面空白区域单击，出现文字输入光标，此时用键盘输入“Ai”，然后在软件窗口上方的“工具属性栏”-“字符”中选择笔画粗细一致的字体（可根据使用的计算机安装的字体自行选择），完成文字的输入，如图 2-34 所示。

图 2-34 输入文字并变更字体

（7）为文字填充颜色并调整位置。选择文字，在“颜色”面板中，选取填充模式，设置 C 为 0%、M 为 60%、Y 为 85%、K 为 0%，完成填充。使用“选择工具”将文字移动到圆角矩形内，调整文字的大小，使其适合圆角矩形的尺寸，如图 2-35 所示。

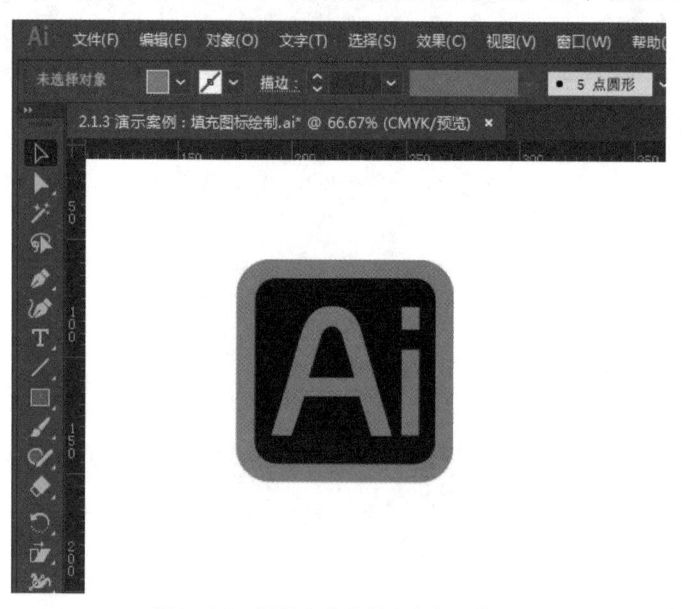

图 2-35 调整文字的填充颜色和位置

最终完成效果如图 2-28 所示。

2.2 手绘图形工具

Illustrator 提供了“画笔工具”“铅笔工具”“平滑工具”和“路径橡皮擦工具”，使用这些工具可以绘制出各式各样的图形或修饰绘制好的图形。

2.2.1 “画笔工具”

使用“画笔工具”可以绘制出不同风格和类型的线条及图形。选择“画笔工具”，执行菜单命令“窗口” - “画笔”，弹出“画笔”面板，如图 2-36 所示。在“画笔”面板中选择任意一种画笔样式，在页面中任意位置单击并按住鼠标左键不放，拖曳鼠标进行绘制，释放鼠标左键，即可完成绘制，效果如图 2-37 所示。

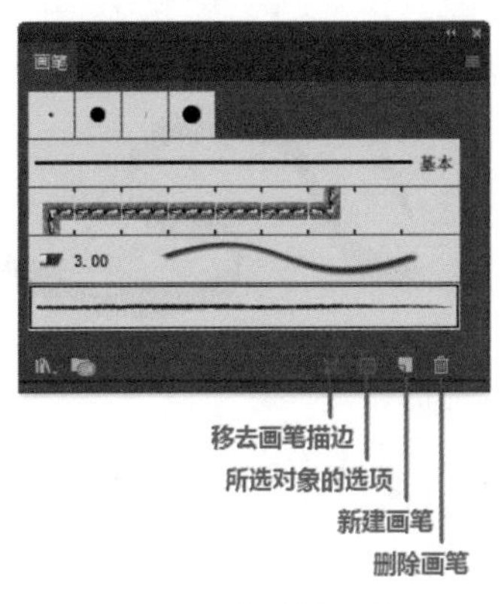

图 2-36 “画笔”面板

图 2-37 “画笔工具”的效果

选择绘制好的线条，执行菜单命令“窗口”-“描边”，可弹出“描边”面板，如图 2-38 所示。在该面板的“粗细”选项中可以设置描边的大小。

双击“画笔工具”，可以弹出“画笔工具选项”对话框，如图 2-39 所示。在该对话框中，“保真度”可以调节已绘制曲线上的点的精确度。在“选项”中，勾选“填充新画笔描边”复选框，在每次使用“画笔工具”绘制图形时，系统都会自动以默认颜色来填充对象；勾选“保持选定”复选框，绘制的曲线将处于选中状态；勾选“编辑所选路径”复选框，“画笔工具”可以对选中的路径进行编辑。

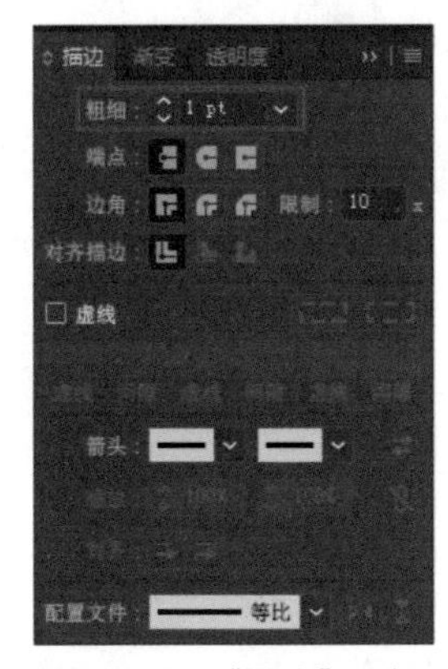

图 2-38 “描边”面板

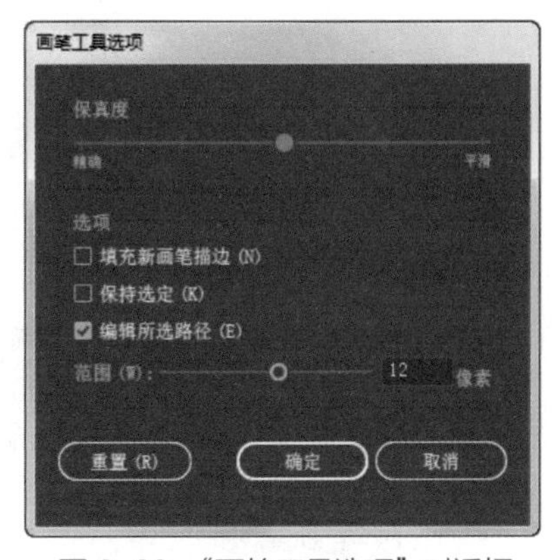

图 2-39 “画笔工具选项”对话框

1. 画笔的类型

Illustrator 提供了 5 种画笔类型，分别是“书法画笔”“散点画笔”“图案画笔”“毛刷画笔”和“艺术画笔”，如图 2-40 所示。单击“画笔”面板右上角的图标，将展开下拉菜单。

（1）“书法画笔”

在系统默认状态下，“书法画笔”为显示状态，“画笔”面板的第一排为“书法画笔”，如图 2-41（a）所示。“书法画笔”效果如图 2-41（b）所示。

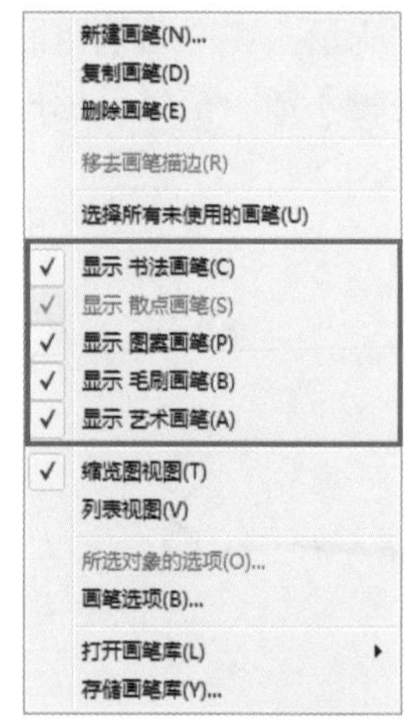

图 2-40　画笔类型

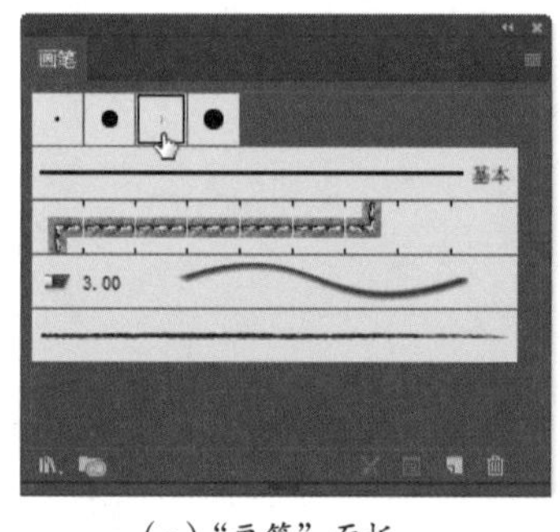

（a）“画笔”面板

（b）“书法画笔”效果

图 2-41　“画笔”面板与“书法画笔”效果

（2）“散点画笔”

在系统默认状态下，“散点画笔”命令为灰色，执行“打开画笔库”命令，在展开的子菜单中选择任意一种散点画笔即可弹出相应的面板，如图 2-42 所示。在“装饰 – 散布”面板中单击画笔，画笔将会被添加到“画笔”面板中，然后即可开始绘制，效果如图 2-43 所示。

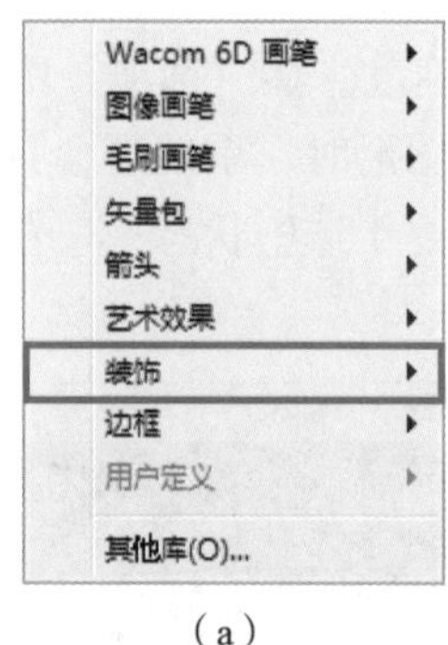

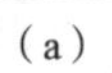

（a）

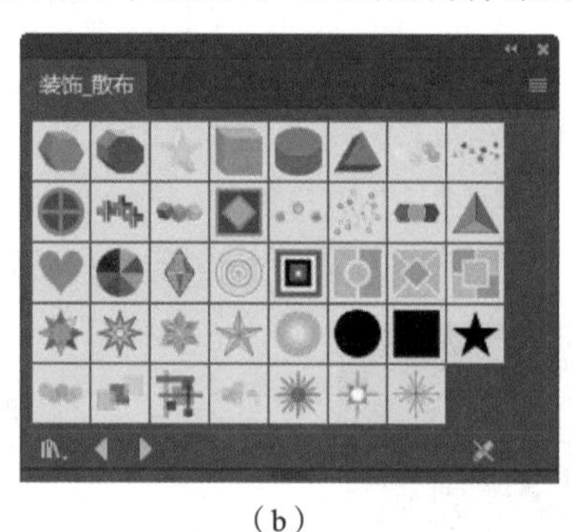

（b）

图 2-42　“散点画笔”

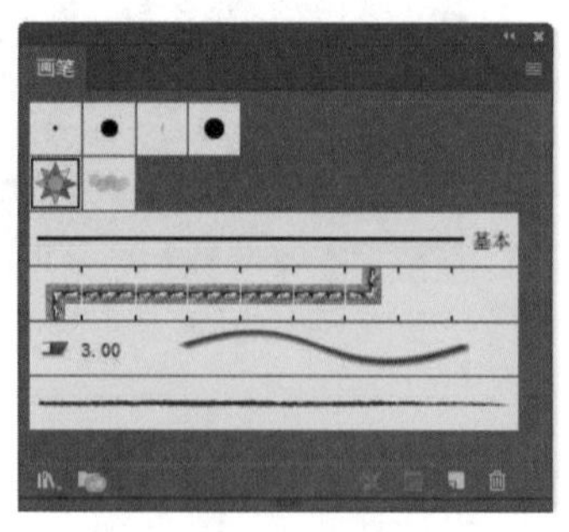

（a）“画笔”面板

（b）“散点画笔”效果

图 2-43　“画笔”面板与“散点画笔”效果

（3）“图案画笔”

“画笔”面板中的第三排为“图案画笔”，执行“打开画笔库”–“图像画笔”–“图像画笔库”命令，即可弹出“图像画笔库”面板，如图 2-44 所示。在面板中单击画笔，即可将画笔添加到“画笔”面板中，如图 2-45（a）所示。“图案画笔”效果如图 2-45（b）所示。

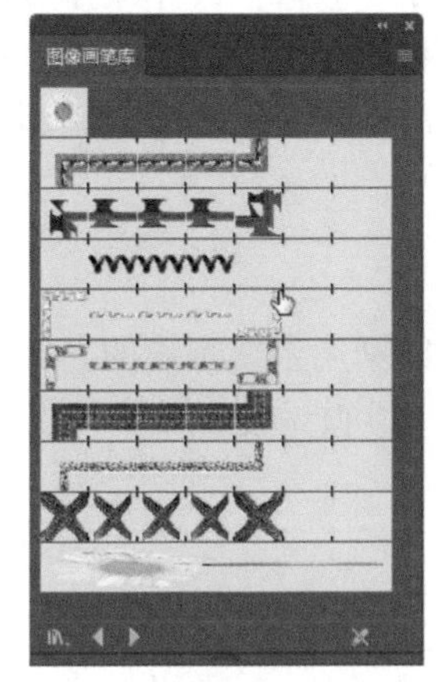

图 2-44　“图像画笔库”面板

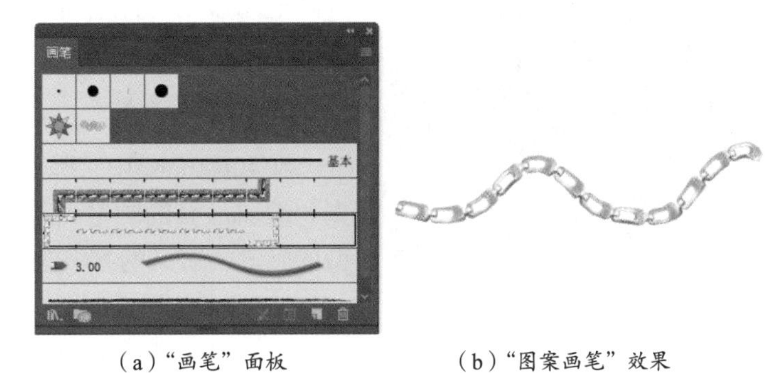

（a）“画笔”面板　（b）“图案画笔”效果

图 2-45　“画笔”面板与“图案画笔”效果

（4）“毛刷画笔”

“画笔”面板的第四排为“毛刷画笔”，如图 2-46（a）所示。“毛刷画笔”效果如图 2-46（b）所示。

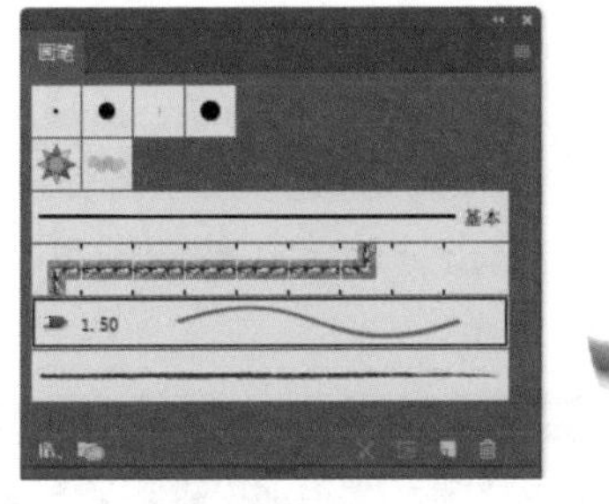

（a）“画笔”面板　（b）“毛刷画笔”效果

图 2-46　“画笔”面板与“毛刷画笔”效果

（5）“艺术画笔”

“艺术画笔”位于“画笔”面板的底部，如图 2-47（a）所示。“艺术画笔”效果如图 2-47（b）所示。

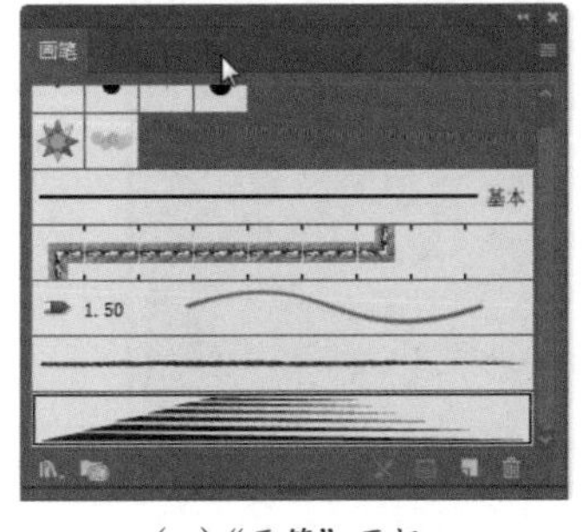

（a）“画笔”面板　（b）“艺术画笔”效果

图 2-47　“画笔”面板与“艺术画笔”效果

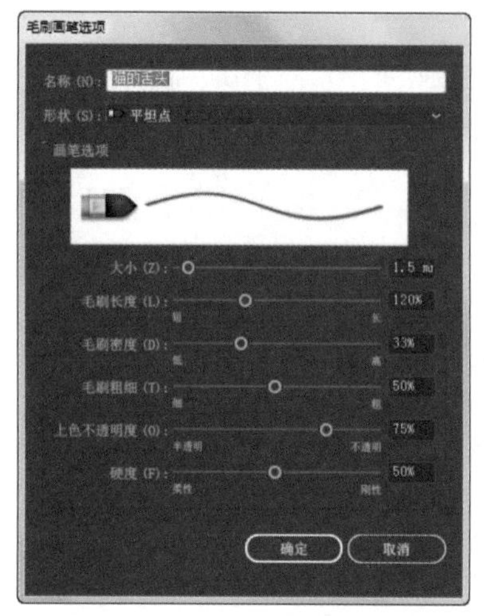

图 2-48 “毛刷画笔选项”对话框

2. 编辑画笔

在选择画笔类型后，还可以对每种类型的画笔进行编辑，如更改画笔的外观、大小、颜色、角度等。不同的画笔类型，其参数也有所不同。具体操作方法为：在“画笔”面板中选择相应的画笔，双击画笔打开画笔的参数设置对话框。图 2-48 所示为“毛刷画笔选项”对话框。

3. 自定义画笔

在 Illustrator 中，除了可以利用系统预设的画笔类型和编辑已有的画笔外，还可以自定义画笔。不同类型的画笔，定义的方法类似。

注意

若新建散点画笔，那么作为散点画笔的图形对象就不能包含图案，以及渐变填充等属性；若新建书法画笔和艺术画笔，就不需要事先制作好图案，只需在其对应的画笔选项对话框中进行设定即可。

自定义画笔需要先选中想要制作成画笔的对象 [见图 2-49（a）]，单击“画笔”面板下方的“新建画笔”按钮 [见图 2-49（b）]，在弹出的“新建画笔”对话框中选择“图案画笔”单选项，如图 2-49（c）所示。单击“确定”按钮将弹出“图案画笔选项”对话框，如图 2-50 所示，设置相关参数后，单击“确定”按钮即可将制作的画笔添加到“画笔”面板中，新建画笔效果如图 2-51 所示。

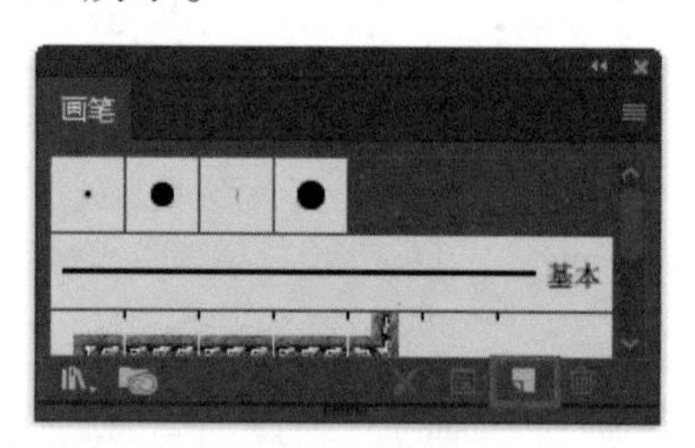

（b）单击“画笔”面板下方的“新建画笔”按钮

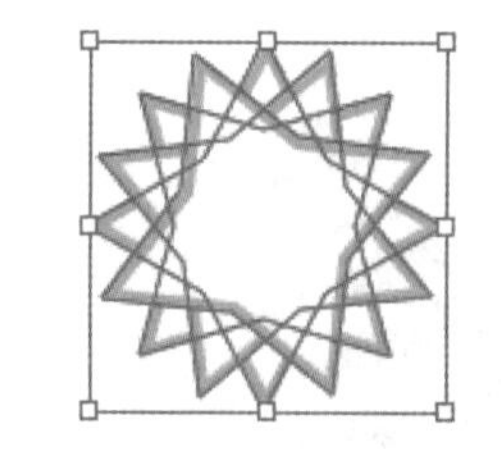

（a）选中想要制作成画笔的对象

（c）选择“图案画笔”

图 2-49 新建画笔

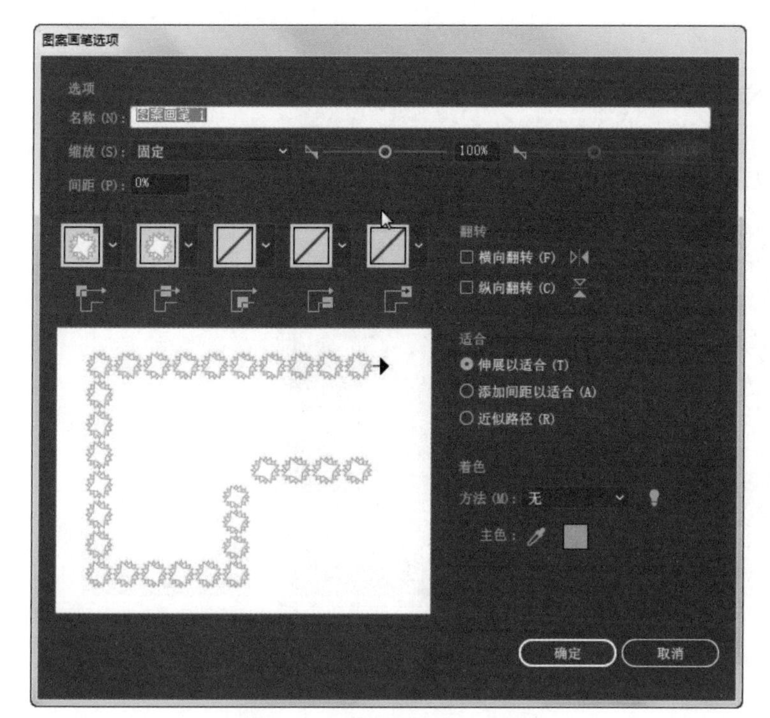

图 2-50　“图案画笔选项”对话框

图 2-51　新建画笔效果

2.2.2 “铅笔工具”

使用“铅笔工具” 可以随意绘制出闭合或开放的路径。在绘制的过程中，Illustrator 会自动根据鼠标指针的轨迹来设定节点，从而生成路径。选择“铅笔工具”，在页面中需要的位置单击并进行拖曳，释放鼠标左键即可绘制一条路径。若在拖曳的同时按住 Alt 键，释放鼠标左键可以绘制出一条闭合的路径，图 2-52 所示为使用“铅笔工具”绘制的开放路径与闭合路径。

在选中闭合路径后，使用“铅笔工具”在闭合路径上的两个节点之间拖曳，可以更改图形的形状，如图 2-53 所示。

（a）开放路径

（b）闭合路径

图 2-52　开放路径和闭合路径

（a）更改图形形状前

（b）更改图形形状后

图 2-53　使用“铅笔工具”更改图形形状

双击“铅笔工具”，可以弹出“铅笔工具选项”对话框，在对话框中可以调整工具的保真度、范围等参数，如图 2-54 所示。

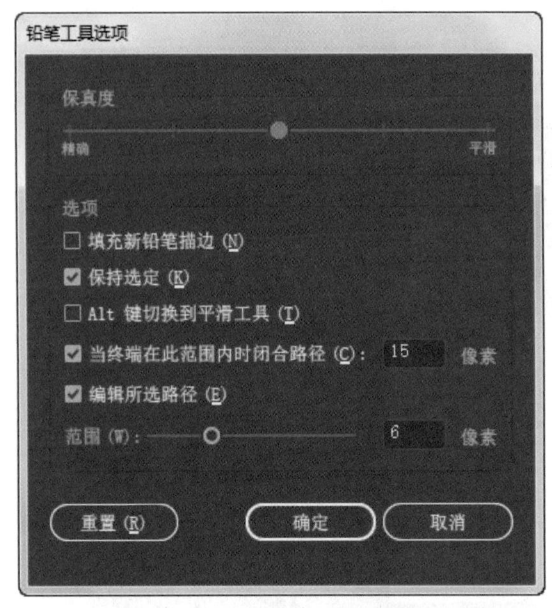

图 2-54 “铅笔工具选项”对话框

2.2.3 “平滑工具”

“平滑工具” 的主要作用是将尖锐的曲线变得较为光滑。选中绘制好的曲线，选择“平滑工具”，将鼠标指针移动至需要平滑处理的曲线旁，按住鼠标左键并进行拖曳，效果如图 2-55 所示。

双击“平滑工具”，弹出“平滑工具选项”对话框，如图 2-56 所示，在对话框中可调节平滑工具的保真度。

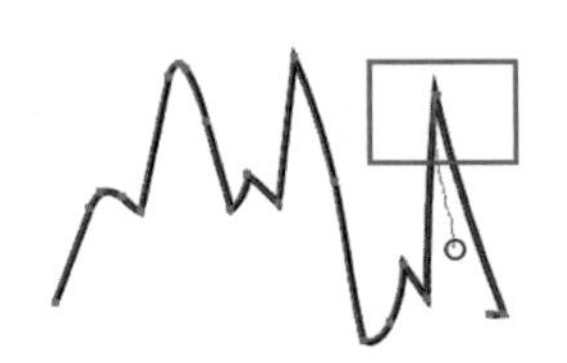

（a）平滑处理前

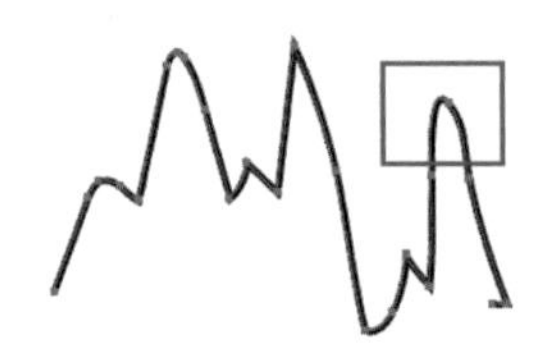

（b）平滑处理后

图 2-55 平滑处理

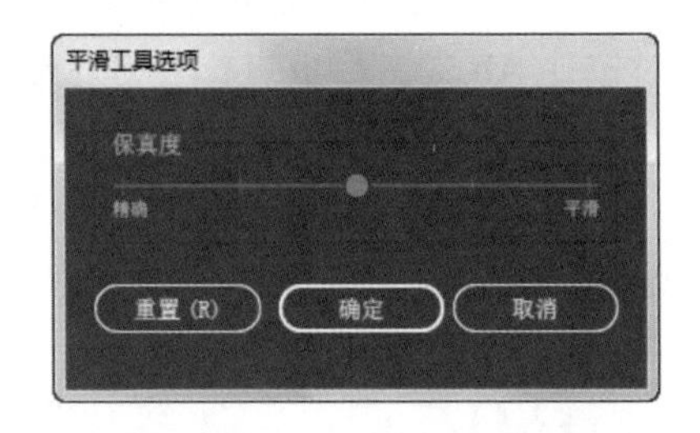

图 2-56 “平滑工具选项”对话框

在使用“画笔工具”“铅笔工具”“平滑工具”进行图形绘制时，不可避免地会对绘制的图形进行修改或修饰，此时就需要用到“路径橡皮擦工具” 。“路径橡皮擦工具”的主要功能是擦除部分或全部路径，该工具不能应用于文本对象和包含渐变网格的对象。擦除的方法为：选中对象，选择“路径橡皮擦工具”，将鼠标指针移动到需要擦除的对象旁，按住鼠标左键进行拖曳，即可将想要擦除的部分擦除掉。

演示案例：断线图标的绘制

2.2.4 演示案例：断线图标的绘制

本案例使用 Illustrator 的“星形工具”“铅笔工具”“路径橡皮

擦工具”“椭圆工具”进行图形绘制。最终完成效果如图 2-57 所示。

图 2-57　最终完成效果

（1）新建文档。启动 Illustrator 软件，新建文档，尺寸为 210mm × 285mm，方向为横向，色彩模式为 CMYK。选取“星形工具”，单击画面，弹出“星形”对话框，在其中进行参数设置，如图 2-58 所示。单击“确定”按钮后，完成星形的绘制，如图 2-59 所示。

（2）使用“直接选择工具”（2.3 节将介绍）点选星形尖角的锚点，出现“自由圆角”控制点，拖曳控制点完成星形尖角的调整，如图 2-60 所示。

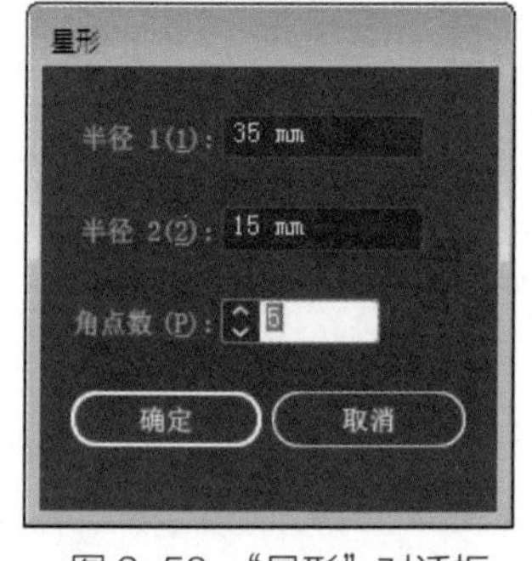

图 2-58　“星形”对话框

图 2-59　绘制星形

图 2-60　调整星形尖角

（3）使用“椭圆工具”绘制用于制作眼睛和嘴巴的圆形，如图 2-61 所示。

（4）使用“路径橡皮擦工具”将圆形的下半部分擦除，如图 2-62 所示。

（5）完成弧线的绘制后，对其进行复制、粘贴，并将两条弧线移入星形，作为微笑的眼睛，如图 2-63 所示。

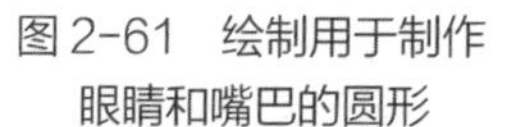

图 2-61　绘制用于制作眼睛和嘴巴的圆形

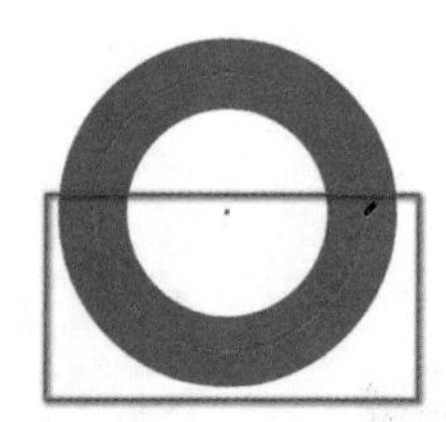

图 2-62　擦除圆形的下半部分

图 2-63　制作微笑的眼睛

（6）使用同样的方法，制作微笑的嘴，如图 2-64 所示。

（7）使用“路径橡皮擦工具”对星形外轮廓部分线段进行擦除，擦除位置及线段的间距可根据实际效果自行决定，把握线与线之间的呼应关系与对比关系，图形之间不发生视觉干扰为宜，完成效果如图 2-65 所示。

（8）为了让星形更加活泼可爱，可以为其绘制具有动感效果的线条，选取“铅笔工具”在图形外围进行绘制，如图 2-66 所示，让星形有从左下向右上移动的效果。

（9）完成一个星形的绘制后，可以进行数次复制，并调整大小，最终效果如图 2-57 所示。

图 2-64　制作微笑的嘴　　图 2-65　擦除星形外轮廓　　图 2-66　绘制动感效果

2.3 图形对象的组织

Illustrator 提供了强大的图形对象编辑功能，包括图形的选择与编组、对齐与分布、变换与排列等。在实际工作中，设计师应熟练掌握编辑和组织图形对象的技能，从而提高工作效率，节省时间。

2.3.1 图形的选择与编组

1. 图形的选择

图形的选择工具包括“选择工具”“直接选择工具”“编组选择工具”“魔棒工具”和“套索工具”，如图 2-67 所示。下面分别介绍这 5 种工具的详细使用方法和操作技巧。

（1）使用选择工具选取对象

使用“选择工具” 时，单击路径上的某一点或某一部分即可选择整个路径。选择“选择工具”，将鼠标指针移动到对象上时，指针会发生变化，如图 2-68 所示，单击即可选取对象。若按住 Shift 键单击对象，则可以连续选择多个对象。也可以通过按住鼠标左键并拖曳进行框选。

图 2-67　图形的选择工具

图 2-68　“选择工具”使用效果

（2）使用直接选择工具选取对象

使用“直接选择工具” 可以选择路径上独立的节点或线段，并显示出路径上的所有方向线以便调整。选择“直接选择工具”，单击对象可以选择整个对象，在对象的某个节点上单击可以选中该节点，此外可以通过拖曳节点改变对象的形状，如图 2-69 所示。

（3）使用编组选择工具选取对象

使用“编组选择工具” 可以单独选择组合对象中的个别对象，如图 2-70 所示。

（4）使用魔棒工具选取对象

使用“魔棒工具” 可以选择具有相同笔画或填充属性的对象。双击“魔棒工具”可以弹出“魔棒”面板，如图 2-71 所示。

图 2-69 “直接选择工具”使用效果

图 2-70 “编组选择工具”使用效果

在“魔棒”面板中：

“填充颜色”可以使填充相同颜色的对象同时被选中；

“描边颜色”可以使相同描边颜色的对象同时被选中；

“描边粗细”可以使相同描边宽度的对象同时被选中；

“不透明度”可以使相同透明度的对象同时被选中；

“混合模式”可以使相同混合模式的对象同时被选中。

图 2-72 所示为在“魔棒”面板中选择“填充颜色”后使用“魔棒工具”的效果。

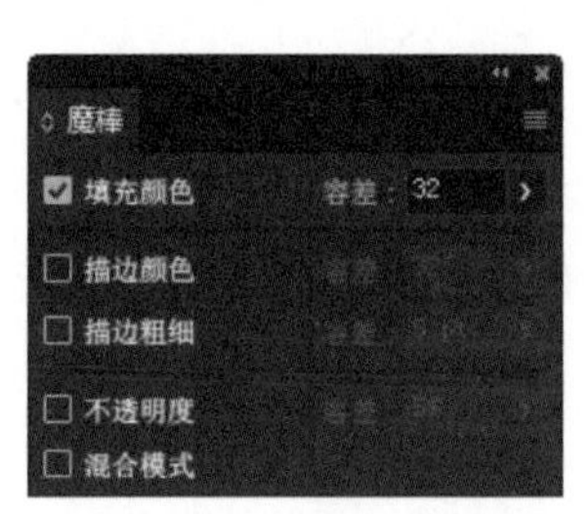

图 2-71 “魔棒”面板

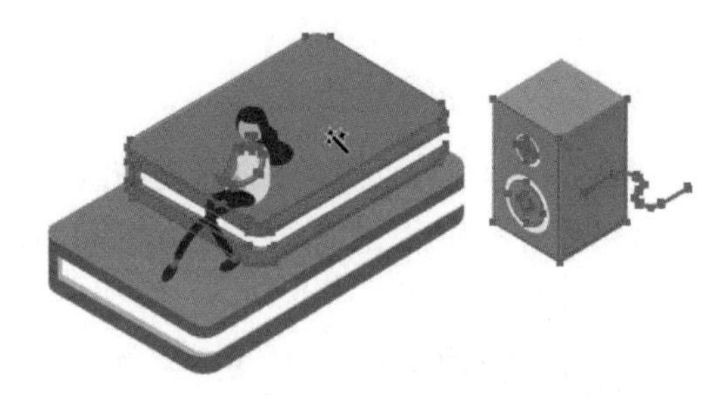

图 2-72 “魔棒工具”使用效果

（5）使用套索工具选取对象

使用“套索工具” 可以选择路径上独立的节点或线段，在直接使用“套索工具”拖曳时，经过的所有路径将被同时选中。选择“套索工具”，在对象的外围单击并长按鼠标左键，拖曳鼠标绘制一个套索圈，释放鼠标左键即可选择对象，如图 2-73 所示。

2. 图形的编组

在绘制图形的过程中，可以对多个图形进行编组，从而组合成一个图形组，也可以将多个编组组合成一个新的编组。编组之后，单击任何一个图像，其他图像都会一起被选中。

（1）创建编组

选择要编组的对象，执行菜单命令“对象”-“编组”或使用组合键 Ctrl+G，即可将选择的对象编组，如图 2-74 所示。编组后若需要单独对编组中的对象进行选择，可以使用“编组选择工具”。

图 2-73 “套索工具”使用效果

（2）取消编组

选择要取消编组的对象，执行菜单命令

“对象” - “取消编组”或使用组合键 Shift+Ctrl+G，如图 2-75 所示。

图 2-74　创建编组

图 2-75　取消编组

2.3.2　图形的对齐与分布

使用“对齐”面板可以快速有效地对齐或分布多个图形。执行菜单命令“窗口”-“对齐”，弹出“对齐”面板，如图 2-76 所示。单击面板右上角的图标■，执行“显示选项”命令，可以在面板中展开“分布间距”选项组。

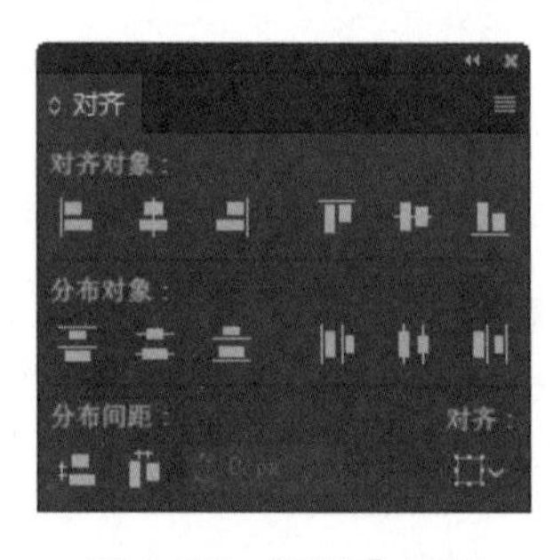

图 2-76　“对齐”面板

1. 对齐对象

“对齐”面板的“对齐对象”选项组包括 6 种对齐命令按钮：“水平左对齐”按钮、“水平居中对齐”按钮、“水平右对齐”按钮、“垂直顶对齐”按钮、“垂直居中对齐”按钮、“垂直底对齐”按钮。

- 水平左对齐：以最左边对象的左边边线为基准线，选取全部对象的左边边线和这条线对齐。
- 水平居中对齐：以选定对象的中点为基准点对齐，所有对象在垂直方向上的位置保持不变。
- 水平右对齐：以最右边对象的右边边线为基准线，选取全部对象的右边边线和这条线对齐。
- 垂直顶对齐：以多个要对齐对象中最上面对象的上边线为基准线，选定对象的上边线都和这边线对齐。
- 垂直居中对齐：以选定对象的中点为基准点对齐，所有对象在水平方向上的位置保持不变。
- 垂直底对齐：以多个要对齐对象中最下面对象的下边线为基准线，选定对象的下边线都和这条线对齐。

图 2-77 所示为水平居中对齐和垂直居中对齐效果。

（a）对齐前　（b）水平居中对齐　（c）垂直居中对齐

图 2-77　水平居中对齐和垂直居中对齐效果

2. 分布对象

“对齐”面板的“分布对象”选项组包括 6 种分布命令按钮：“垂直顶分布”按钮、“垂直居中分布”按钮、“垂直底分布”按钮、“水平左分布”按钮、“水平居中分布”按钮、“水平右分布”按钮。

- 垂直顶分布：以每个选取对象的上边线为基准线，使对象按相等的间距垂直分布。
- 垂直居中分布：以每个选取对象的中线为基准线，使对象按相等的间距垂直分布。
- 垂直底分布：以每个选取对象的下边线为基准线，使对象按相等的间距垂直分布。
- 水平左分布：以每个选取对象的左边线为基准线，使对象按相等的间距水平分布。
- 水平居中分布：以每个选取对象的中线为基准线，使对象按相等的间距水平分布。
- 水平右分布：以每个选取对象的右边线为基准线，使对象按相等的间距水平分布。

3. 分布间距

“分布间距”选项组包括“垂直分布间距”和“水平分布间距”按钮，可以对多个选中对象的间距进行精确的设置。

2.3.3　图形的变换与排列

在 Illustrator 中，可以对图形进行移动、旋转、镜像、缩放、倾斜、分别变换、排列等操作。

1. 图形的变换

（1）移动图形

移动图形是 Illustrator 中最常用到的图形变换操作，可以使用“选择工具”直接对图形进行移动，如图 2-78 所示。在移动图形的过程中，按住 Shift 键的同时拖曳图形，可沿垂直、水平或与水平方向成 45° 及其倍数的方向移动；按住 Alt 键的同时拖曳图形，会复制出一个图形进行移动。

若要对图形进行精确的移动，可以利用“移动”对话框。操作方法为选择需要移动的图形，执行菜单命令“对象” - “变换” - “移动”，或直接选择图形并按 Enter 键，弹出“移动”对话框，如图 2-79 所示，在该对话框中可以设置图形移动的位置、距离、角度等参数。

（a）移动图形前

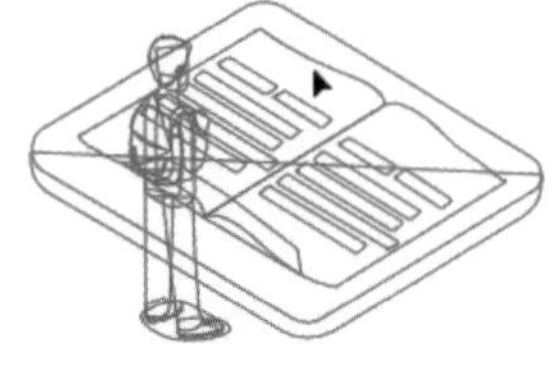
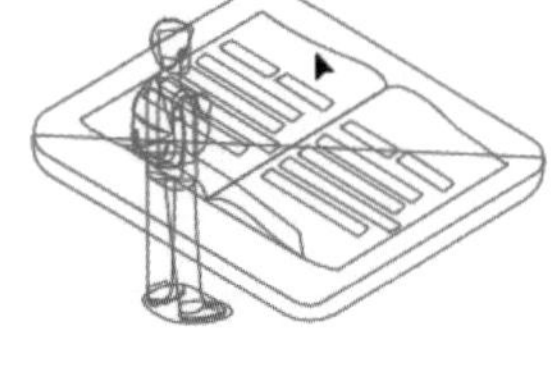

（b）移动图形后

图 2-78　移动图形

图 2-79　“移动”对话框

（2）旋转图形

选择图形，选择“旋转工具”，将鼠标指针移动到图形控制点上，按住鼠标左键并拖曳即可对图形进行旋转，按 Shift 键可以将图形旋转 45° 或 90° ，图 2-80 所示为对图形进行旋转后的效果。

若要对图形进行精确的旋转，可以双击“旋转工具”，弹出“旋转”对话框，如图 2-81 所示，在对话框中精确地输入旋转角度并进行效果预览。

（a）旋转图形前

（b）旋转图形后

图 2-80　旋转图形

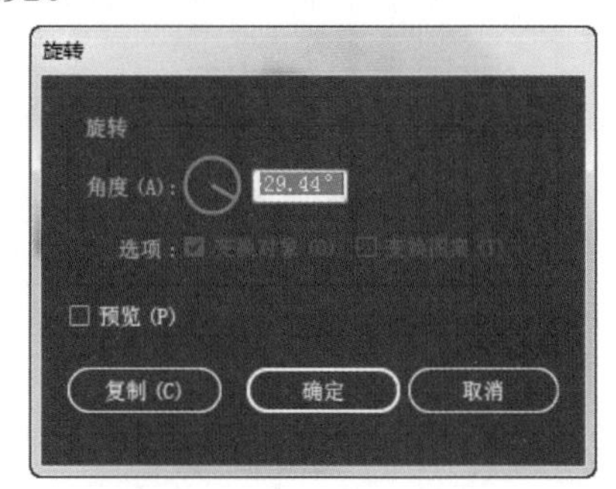

图 2-81　“旋转”对话框

（3）镜像图形

“镜像工具”通常用来制作对称的图形，使用该工具可以在水平或垂直方向上对图形进行翻转复制。选择图形，双击“镜像工具”可以弹出“镜像”对话框，如图 2-82 所示，在其中可以对镜像的方向和角度进行设置。镜像效果如图 2-83 所示。

（4）缩放图形

选择图形，选择“比例缩放工具”，将鼠标指针移动到控制点上，拖曳控制点即可直接对图形大小进行调整，如图 2-84 所示。

若需对图形进行精确的缩放，可以在选择图形后，双击“比例缩放工具”，弹出“比例缩放”对话框，如图 2-85 所示，在此对话框中设置相关参数。在操作的时候，按 Shift 键可对图形进行等比缩放；按组合键 Ctrl+Shift 可围绕图形中心进行等比缩放。

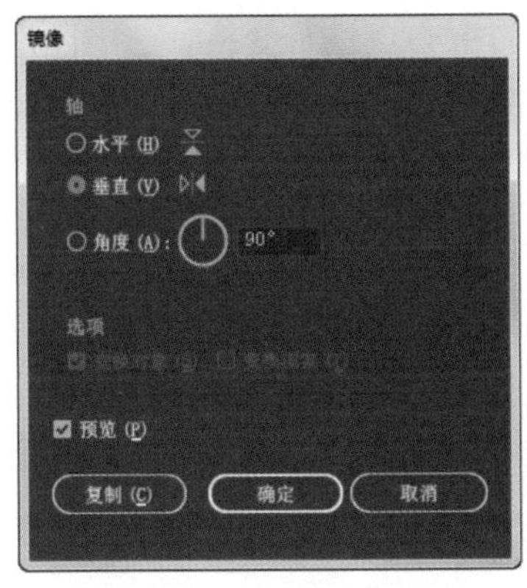

图 2-82　“镜像”对话框

（a）图形镜像前

（b）图形镜像后

图 2-83　镜像效果

（a）缩放镜像前

（b）缩放镜像后

图 2-84　缩放图形

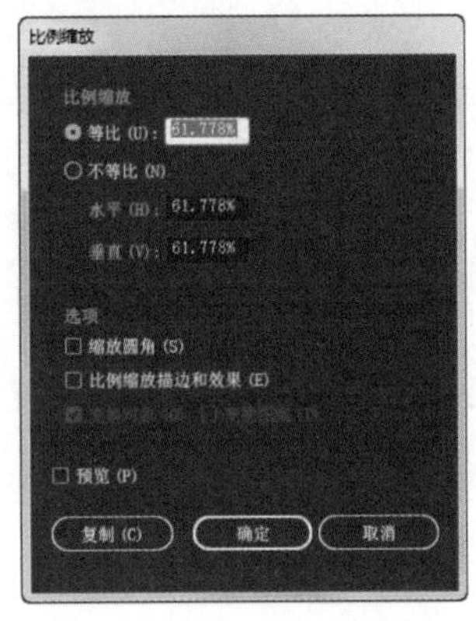

图 2-85　“比例缩放”对话框

（5）倾斜图形

使用“倾斜工具” 可以对图形进行倾斜。选择图形，选择“倾斜工具”，图形上会出现倾斜中心点，可将中心点移动到需要的位置，然后拖曳中心点进行倾斜操作。双击“倾斜工具”可以弹出“倾斜”对话框，如图 2-86 所示，在该对话框中可以设置倾斜角度等参数，效果如图 2-87 所示。

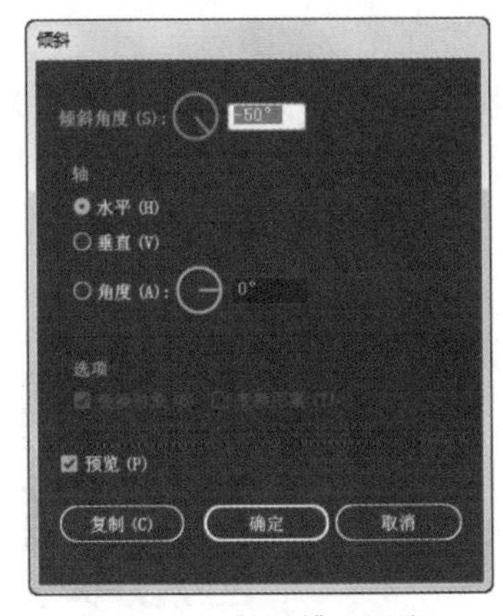

图 2-86　“倾斜”对话框

（a）倾斜图形前

（b）倾斜图形后

图 2-87　倾斜图形

（6）分别变换图形

在对多个图形进行缩放、移动、旋转等操作时，都是以图形组的中心进行变换的，使用“分别变换”命令可以使其中的每个图形都以自身的中心点进行变换。选中图形，执行菜单命令“对象”－“变换”－“分别变换”，在弹出的“分别变换”对话框中设置相应参数即可，如图 2-88 所示，效果如图 2-89 所示。

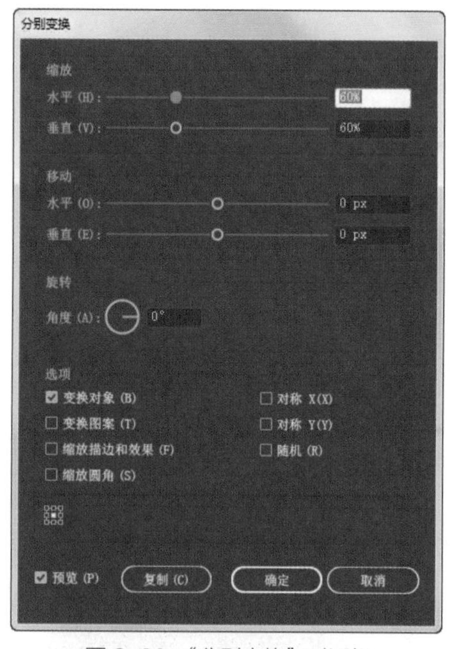

图 2-88　“分别变换”对话框

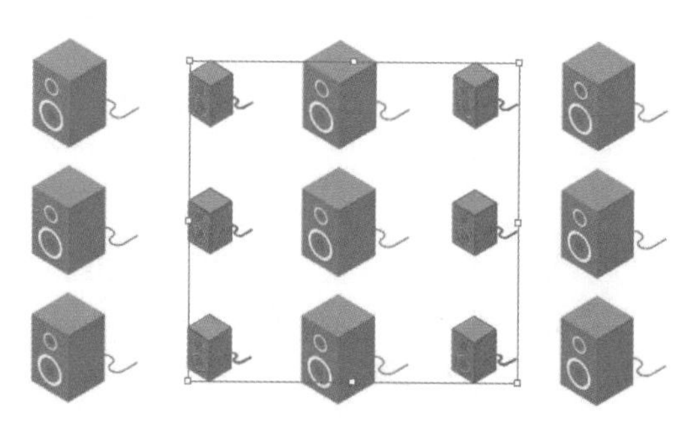

图 2-89　分别变换效果

2. 图形的排列

图形之间存在着堆叠的关系，后绘制的图形一般会显示在先绘制的图形之上。在实际的操作中，可以根据需要改变图形之间的堆叠顺序，改变图层的排列顺序也可以改变图形的堆叠顺序。

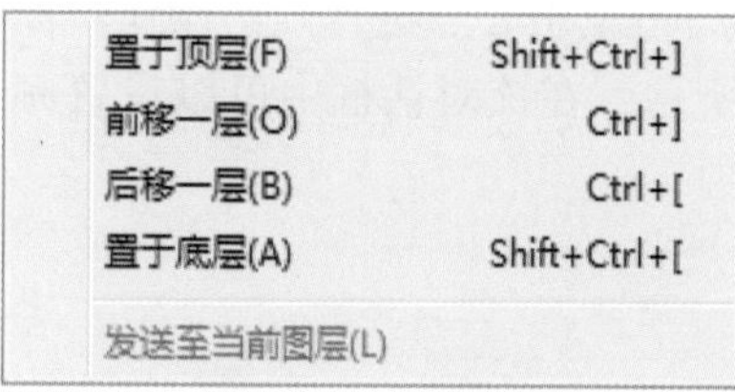

图 2-90　排列命令

执行菜单命令“对象”－“排列”，子菜单中有 5 个排列命令，分别是“置于顶层”“前移一层”“后移一层”“置于底层”“发送至当前图层”，如图 2-90 所示。设计师应牢记每个命令所对应的组合键，从而提高工作效率，节省工作时间。

2.3.4　演示案例：城市建筑绘制

本案例使用前面介绍的工具进行图形绘制，同时展示各工具所对应的面板的使用方法。

演示案例：城市建筑绘制

最终完成效果如图 2-91 所示。

（1）绘制楼体。选择“矩形工具”，进行楼体外形的绘制，效果如图 2-92 所示。

（2）绘制楼顶。使用“矩形工具”绘制楼顶，绘制完成后将图形全选并进行水平居中对齐操作，完成效果如图 2-93 所示。

图 2-91　最终完成效果

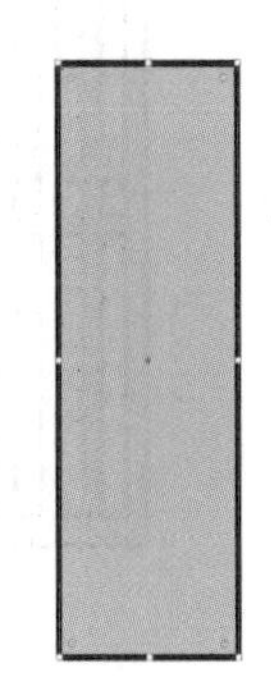

图 2-92　绘制楼体外形

（3）绘制窗户。使用“矩形工具”绘制一扇窗户，然后进行复制，将窗户图形全选，使其垂直居中对齐并进行水平分布间距操作，调整窗户大小，使其能放置到楼体图形内，并按组合键 Ctrl+G 进行编组，完成效果如图 2-94 所示。

（4）复制并调整窗户图形组。选取绘制完成的窗户图形组，向下拖曳的同时按 Alt 键和 Shift 键，完成固定角度的移动复制操作。复制后分别调整窗户图形组的大小，将楼房整体选取并按组合键 Ctrl+G 进行编组，完成楼房的绘制，效果如图 2-95 所示。

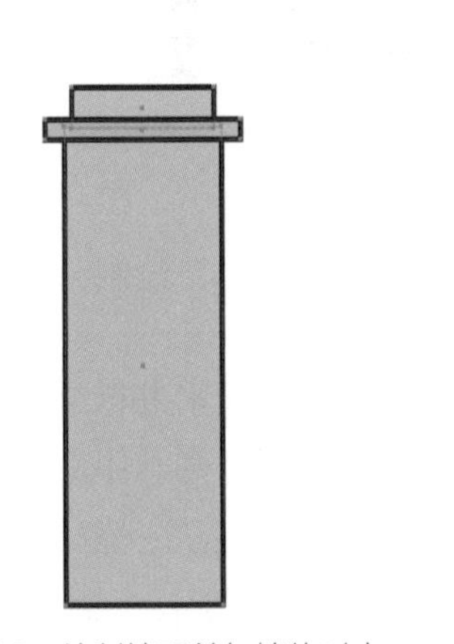

图 2-93　绘制楼顶并与楼体对齐

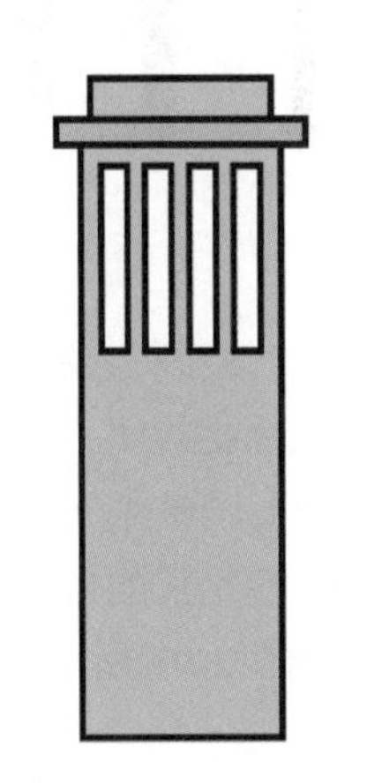

图 2-94　绘制窗户并编组

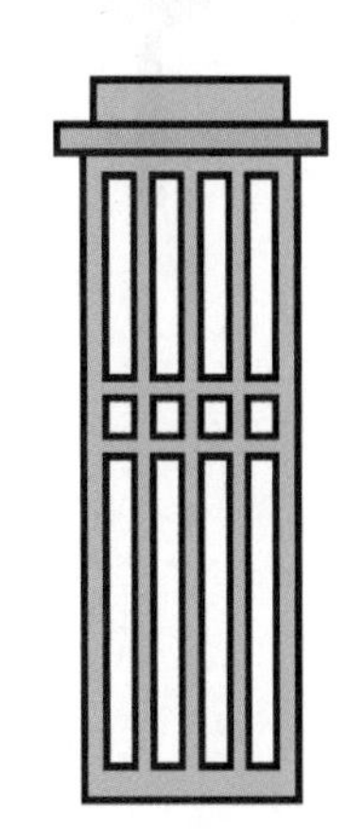

图 2-95　完成楼房的绘制

（5）完成另一个楼房的绘制。将绘制完成的楼房复制一个并根据需要调整大小，双击新复制的楼房进入“隔离编组”，对楼房的窗户、楼顶等元素进行微调，编辑完成后双击页面空白区域退出“隔离编组”，完成效果如图 2-96 所示。也可以绘制其他外形的楼房或建筑。

（6）绘制地面。使用“直线段工具”水平绘制一条直线段作为地面，将楼房和地面直线段一同选取，执行“垂直底对齐”命令，完成效果如图 2-97 所示。

（7）绘制树和树林。使用“铅笔工具”分别绘制树冠和树干，完成后调整堆叠顺序并将树冠与树干编组，完成一棵树的绘制，如图 2-98 所示。对单独的树进行复制，微调树冠颜色后进行编组，完成树林的制作，效果如图 2-99 所示。

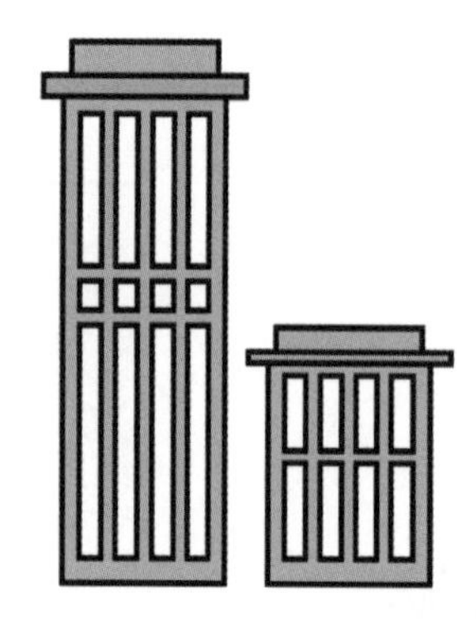

图 2-96　完成另一个楼房的绘制

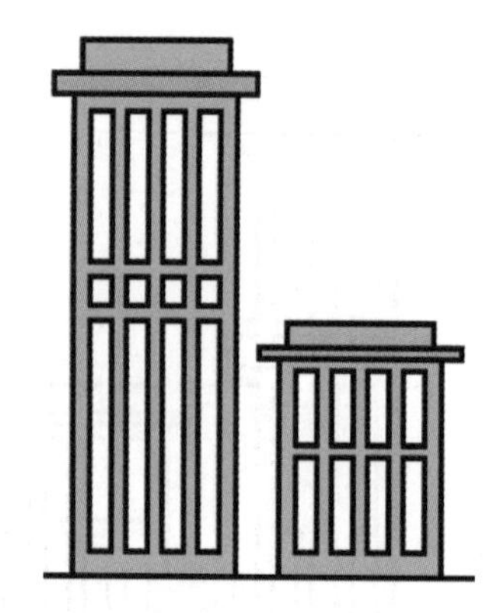

图 2-97　绘制地面并对齐楼底

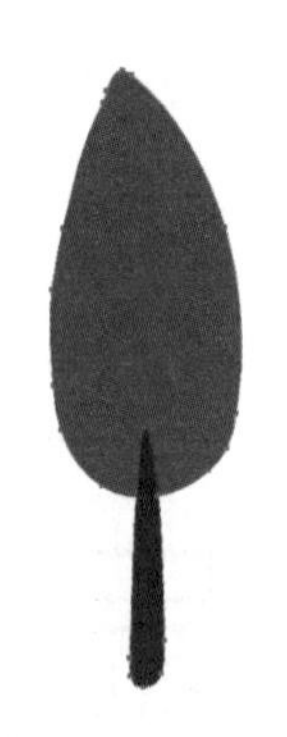

图 2-98　绘制树

图 2-99　绘制树林

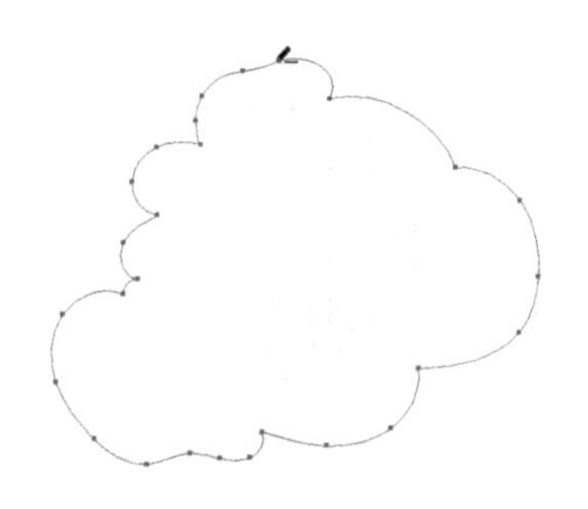

图 2-100　绘制云朵

（8）绘制云朵。使用“铅笔工具”绘制云朵，注意图形最后要封闭，如图 2-100 所示。

（9）调整细节。将绘制的所有元素进行组合，调整画面中各元素的位置、大小，完成案例制作，最终完成效果如图 2-91 所示。

课堂练习

使用“矩形工具”“椭圆工具”“对齐与分布”“编组”等工具和命令完成拱桥的绘制，完成效果如图 2-101 所示。具体制作要求如下。

（1）文档要求：画布尺寸为 210mm × 285mm，方向为横向，色彩模式为 CMYK。

（2）绘制要求：合理使用相应的绘制类、对齐、分布等工具和命令，图形规整、规范，画面整洁。

图 2-101　拱桥

本章总结

本章围绕 Illustrator 中基本图形和手绘图形的绘制与编辑，详细讲解了线段工具组中“直线段工具”“弧形工具”“螺旋线工具”“矩形网格工具”“极坐标网格工具”的具体操作方法和使用技巧；对形状工具组中的“矩形工具”“圆角矩形工具”“椭圆工具”“多边形工具”“星形工具”“光晕工具”的使用方法进行了介绍。除此之外，本章还对图形对象的编辑做了详细而深入的讲解，包括选择与编组、对齐与分布，以及变换与排列。读者在实际操作过程中，应该多加训练，熟练掌握这些工具的使用，为之后的学习打下坚实的基础。

课后练习

使用“矩形工具”“椭圆工具”“对齐与分布”“变换”“直线段工具”等工具和命令完成插图绘制，效果如图 2-102 所示。具体制作要求如下。

（1）文档要求：画布尺寸为 210mm × 285mm，方向为横向，色彩模式为 CMYK。

（2）绘制要求：合理使用相应的绘制类、对齐、分布、变换等工具和命令，图形规整、规范，画面整洁。

图 2-102　古风建筑

第3章

路径的绘制与编辑

【本章目标】

- 了解路径和锚点的基本概念及类型
- 掌握钢笔工具组的具体使用方法和技巧
- 掌握添加锚点、删除锚点、转换锚点的具体方法
- 掌握常用路径编辑命令的使用方法
- 掌握路径的运算，以及“分割”与“合并”按钮的使用方法
- 掌握图像描摹的实现方法及相关的编辑操作

【本章简介】

在Illustrator中，路径指的是使用绘图工具创建的直线、曲线或几何形状，是组成所有线条和图形的基本元素。路径可以由一个或多个路径组成，即由锚点连接起来的一条或多条线段组成。本章将重点讲解路径的相关知识，包括路径与锚点的相关概念及绘制方法，常用路径编辑命令及路径查找器的应用。同时，本章会对图像描摹进行讲解，使读者在此过程中掌握一定的设计技巧，并能够将其应用到实际工作中。

3.1 路径的绘制

Illustrator 提供了多种绘制路径的工具，如“钢笔工具”“画笔工具”“铅笔工具”和“矩形工具”等。

3.1.1 路径与锚点的概念

路径是由锚点和线段组成的，可以通过调整路径上的锚点或线段来改变它的形状。在曲线路径上，每一个锚点都有一条或两条控制线，在曲线中间的锚点有两条控制线，在曲线端点的锚点有一条控制线。控制线与曲线上的锚点所在的圆相切，控制线的角度和长度决定了曲线的形状。控制线的端点称为控制点，可以通过调整控制点来对曲线进行调整，如图 3-1 所示。

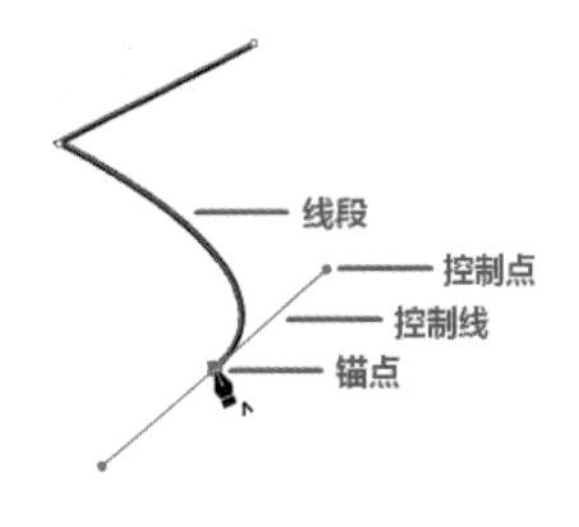

图 3-1　路径

锚点是构成直线和曲线路径的基本元素。在路径上可以任意添加或删除锚点，调整锚点可以调整路径的形状，也可以通过锚点的转换来进行直线与曲线之间的转换。

1. 路径的类型

路径分为开放路径、闭合路径和复合路径 3 种类型。其中，开放路径指的是路径的两个端点没有连接在一起。在对开放路径进行填充时，Illustrator 会假定路径两端已经连接起来形成了闭合路径而对其进行填充，图 3-2 所示为一个开放路径及其填充效果。

闭合路径是一条封闭的路径，没有起点和终点，可以对其进行内部填充或描边填充，图 3-3 所示为闭合路径及其内部填充效果。

复合路径是将几个开放或闭合路径进行组合而形成的路径，图 3-4 所示为复合路径及其填充效果。

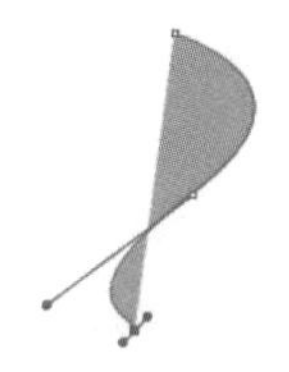

图 3-2　开放路径及其填充效果

图 3-3　闭合路径及其内部填充效果

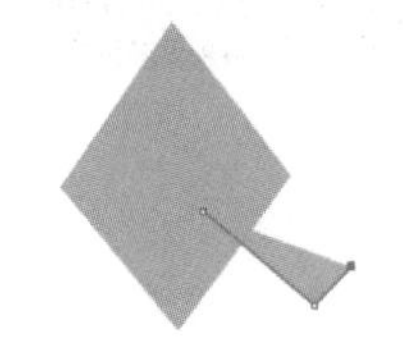

图 3-4　复合路径及其填充效果

2. 锚点的类型

锚点分为平滑点和角点两种类型。平滑点是两条平滑曲线连接处的锚点。平滑点可以使两条线段连接成一条平滑的曲线，平滑点使路径不会生硬地改变方向。每一个平滑点有两条控制线。图 3-5 所示为路径上的平滑点。

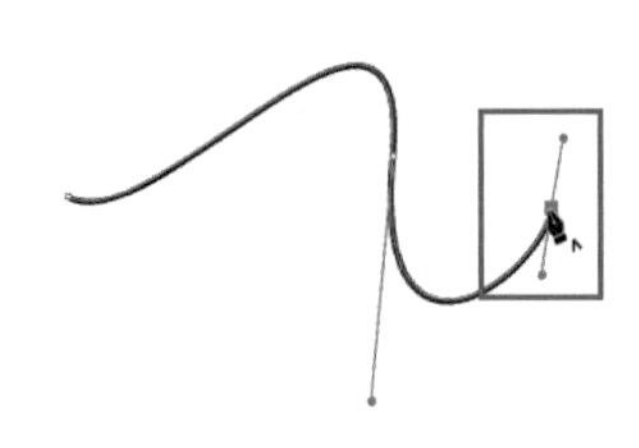

图 3-5　路径上的平滑点

和平滑点相反，在角点所处的位置，路径形状会发生较为明显的改变。如图 3-6 所示，角点有直线角点、曲线角点、复合角点 3 种类型。直线角点是指两条直线以一个很明显的角度形成的交点，这种锚点没有控制线；曲线角点指两条方向各异的曲线相交的点，这种锚点有两条控制线；复合角点指一条直线和一条曲线的交点，这种锚点有一条控制线。

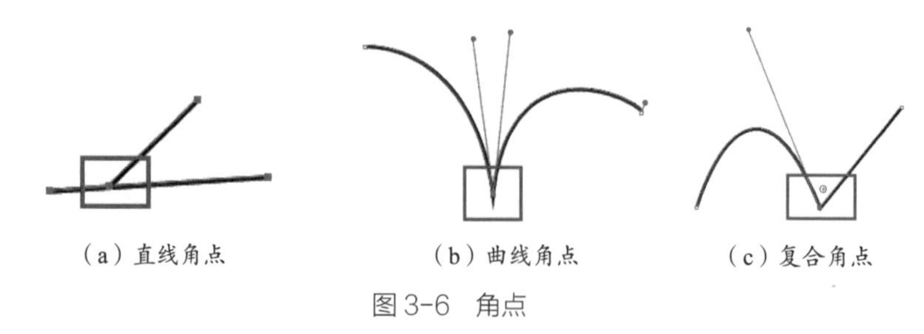

图 3-6　角点

3.1.2　钢笔工具组

“钢笔工具”是 Illustrator 中一个非常重要的工具。使用“钢笔工具”可以绘制直线、曲线和任意形状的路径，还可以对线段进行精确的调整，使其更加符合预想的效果。图 3-7 所示为钢笔工具组，包括“钢笔工具”“添加锚点工具”“删除锚点工具”“锚点工具”。

1. “钢笔工具”

（1）绘制直线

选择“钢笔工具”，在页面中单击，确定直线的起点，然后移动鼠标指针到所需位置，再次单击即可确定直线的终点。连续单击可绘制出折线，图 3-8 所示为使用“钢笔工具”绘制的折线。

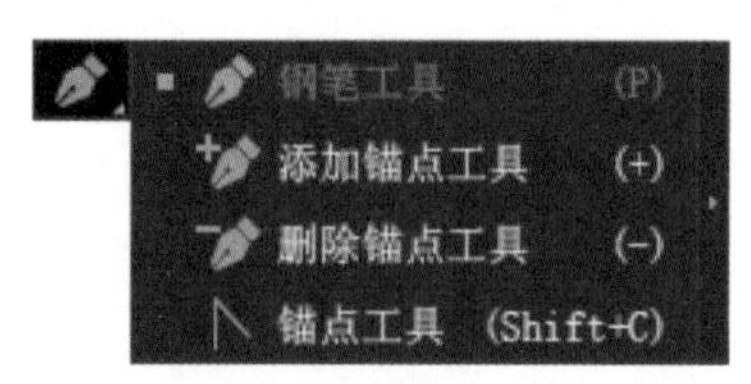

图 3-7　钢笔工具组

图 3-8　使用“钢笔工具”绘制的折线

（2）绘制曲线

选择“钢笔工具”，在页面中单击并长按鼠标左键拖曳鼠标指针来确定曲线的起点，起点处会出现两条控制线，释放鼠标左键，再次确定位置，单击并拖曳鼠标指针，则会出现一条曲线，按住鼠标左键不放进行拖曳，即可改变曲线的形状，图 3-9 所示为使用“钢笔工具”绘制的曲线。

2. “添加锚点工具”

使用“添加锚点工具”可以在路径上的任意位置增加一个锚点。选择“添加锚点工具”，在路径任意位置单击即可在路径上增加一个新的锚点，用以调整路径的形状，如图 3-10 所示。

3. “删除锚点工具”

使用“删除锚点工具”可以删除路径上的锚点。选择“删除锚点工具”，在路径的任意一个锚点上单击 [见图 3-11（a）]，就可以删除该锚点 [见图 3-11（b）]。

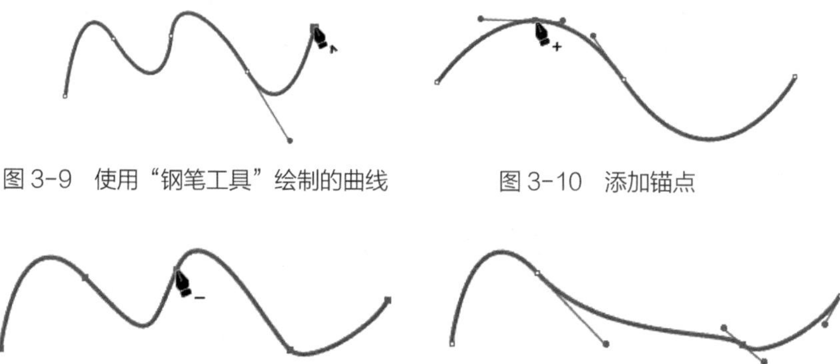

图 3-9　使用“钢笔工具”绘制的曲线　　图 3-10　添加锚点

（a）单击选中要删除的锚点　　（b）删除锚点后的效果

图 3-11　删除锚点

4. “锚点工具”

使用“锚点工具” 可以对锚点进行转换。选择“锚点工具”，单击路径上需要转换的锚点 [见图 3-12（a）]，可以使用“锚点工具”进行拖曳来编辑路径的形状 [见图 3-12（b）]，效果如图 3-12（c）所示。

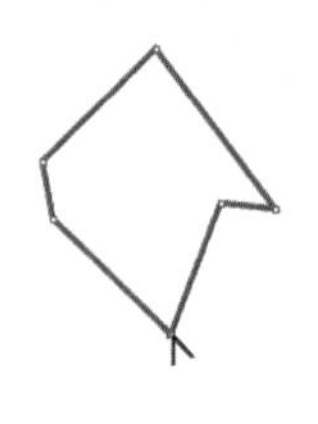

（a）选中需转换的锚点

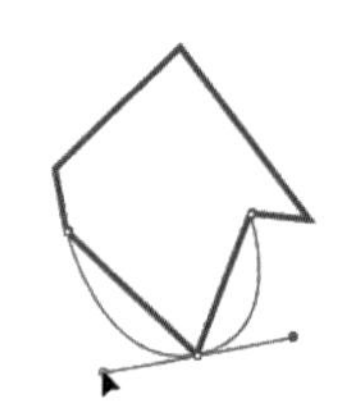

（b）编辑路径的形状

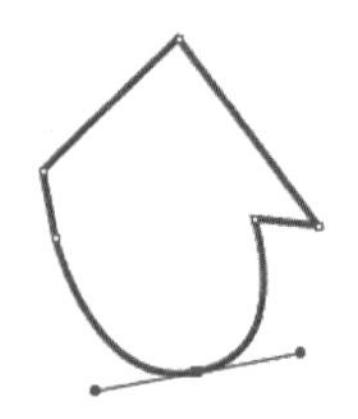

（c）最终效果

图 3-12　“锚点工具”

3.2 常用路径编辑命令

在 Illustrator 中，除了可以使用工具栏中的“编辑工具”对路径进行编辑之外，还可以使用菜单命令对路径进行编辑。执行菜单命令“对象” - “路径”，子菜单中包含 10 个编辑命令，分别是“连接”“平均”“轮廓化描边”“偏移路径”“反转路径方向”“简化”“添加锚点”“移去锚点”“分割下方对象”“分割为网格”，如图 3-13 所示。本节主要对“连接”命令、“平均”命令、“轮廓化描边”命令和“偏移路径”命令进行详细讲解。

连接(J)　Ctrl+J
平均(V)...　Alt+Ctrl+J
轮廓化描边(U)
偏移路径(O)...
反转路径方向(E)
简化(M)...
添加锚点(A)
移去锚点(R)
分割下方对象(D)
分割为网格(S)...
清理(C)...

图 3-13　路径编辑命令

3.2.1 “连接”命令与“平均”命令

1. “连接”命令

“连接”命令，顾名思义就是将开放路径的两个端点用一条直线段连接起来，从而形成新的路径。如果连接的两个端点在同一条路径上，将形成一条新的闭合路径；如果连接的两个端点在不同的开放路径上，将形成一条新的开放路径。具体操作方式为：使用“直接选择工具”选择需要进行连接的两个端点[见图3-14（a）]，执行菜单命令“对象”-“路径”-“连接”或使用组合键Ctrl+J，两个端点将被一条直线段连接起来，效果如图3-14（b）所示。

2.“平均”命令

“平均”命令是将路径上的所有点按照一定的方式平均分布，应用该命令可以制作对称的图案。使用“直接选择工具”选中路径中要进行平均分布的锚点，执行菜单命令“对象”-“路径”-“平均”或使用组合键Ctrl+Alt+J，弹出“平均”对话框，在该对话框中可以设置平均的方式，包括水平、垂直和两者兼有，如图3-15所示。

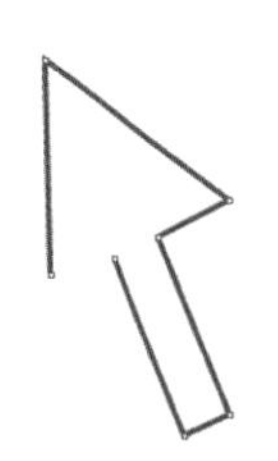

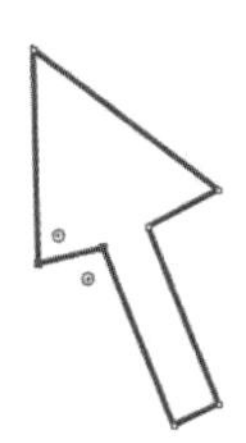

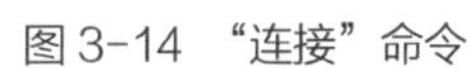

（a）选中待连接的两个端点　（b）两个端点连接完的效果

图3-14 “连接”命令

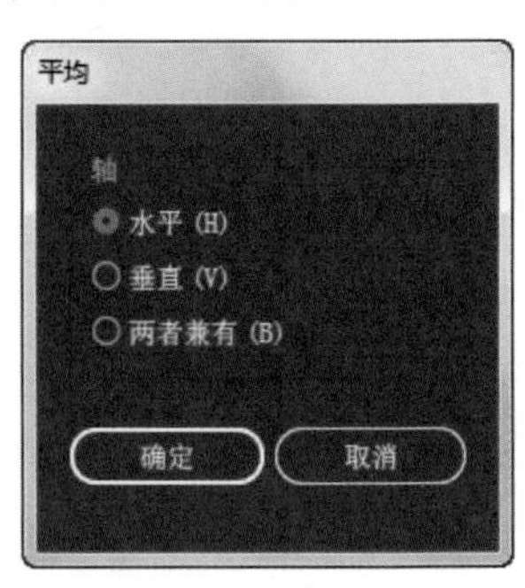

图3-15 “平均”对话框

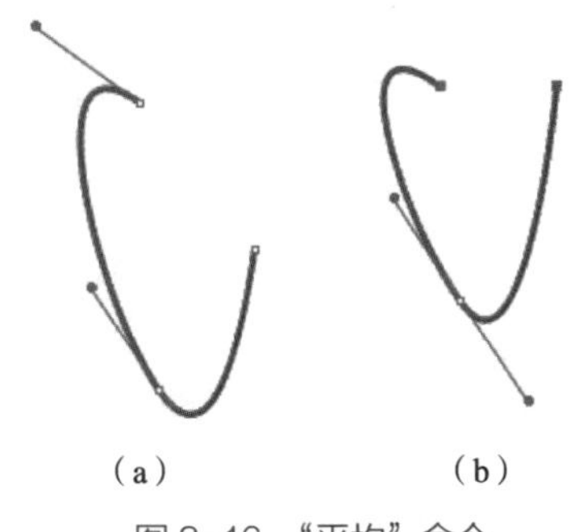

（a）　（b）

图3-16 “平均”命令

“水平”：将选定的锚点按水平方向进行平均分布处理。

“垂直”：将选定的锚点按垂直方向进行平均分布处理。

“两者兼有”：将选定的锚点同时按水平和垂直两种方向进行平均分布处理。

图3-16（b）所示为将选定的两个锚点[见图3-16（a）]按照水平方向进行平均分布的效果。

3.2.2 “轮廓化描边”命令

使用“轮廓化描边”命令可以在已有描边的路径两侧创建新的路径。不论是开放路径还是闭合路径，使用“轮廓化描边”命令得到的都是闭合路径。需要注意的是，在Illustrator中，“渐变”命令不能应用在对象的描边上，但在使用“轮廓化描边”后，“渐变”命令就可以应用在原来对象的描边上。选择路径对象[见图3-17（a）]，执行菜单命令“对象”-“路径”-“轮廓化描边”，效果如图3-17（b）所示。

（a）　（b）

图3-17 “轮廓化描边”命令

3.2.3 “偏移路径”命令

使用“偏移路径”命令可以围绕已有路径的外部或内部勾画一条新的路径，新路径与原来路径之间的偏移距离可以按照需求来进行设置。选中需要偏移的对象，执行菜单命令“对象”-“路径”-“偏移路径”，弹出“偏移路径”对话框，如图 3-18 所示，在对话框中可以设置位移、连接、斜接限制等参数。

“位移”：用来设置偏移的距离。

“连接”：用来设置新路径拐角不同的连接方式。

“斜接限制”：影响连接区域的大小。

图 3-19 所示为使用“偏移路径”命令的效果。

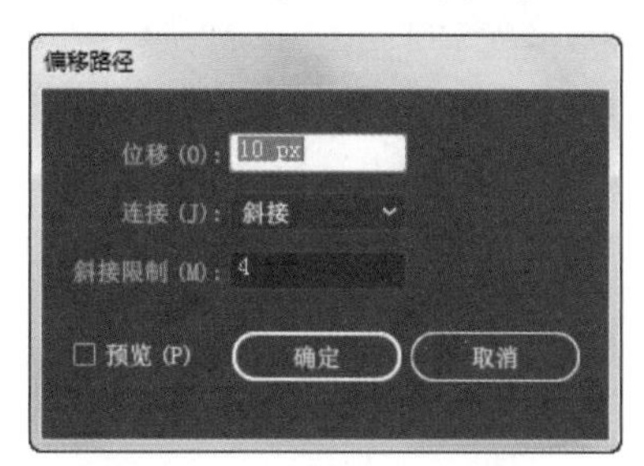

图 3-18　“偏移路径”对话框

图 3-19　使用“偏移路径”命令的效果

3.2.4 演示案例：“森林大冒险”路径文字设计

本案例使用 Illustrator 的“选择工具”“铅笔工具”“偏移路径”等工具和命令进行设计与绘制。

最终完成效果如图 3-20 所示。

图 3-20　最终完成效果

演示案例：“森林大冒险”路径文字设计

（1）新建文档并绘制文字。启动 Illustrator 软件，新建文档，设置画布尺寸为 210mm × 285mm，方向为横向，色彩模式为 CMYK。使用“铅笔工具”进行文字的绘制。在绘制过程中要注意文字的可识别性，笔画要松弛、顺畅，不必拘泥于过多的细节，按组合键 Ctrl+Y 将图形以“轮廓”显示，可以看到更多细节，如图 3-21 所示。

图 3-21　绘制文字

（2）用“直接选择工具”选择没有被遮挡且没有封闭的路径锚点 [以图 3-22（a）中红圈为例]，在“工具属性栏”中单击“连接所选终点”按钮，以此类推，最终完成所有文字路径封闭，如图 3-22（b）所示。

（a）　　　　（b）

图 3-22　完成路径的封闭

（3）建立复合路径。使用“选择工具”选取每一个独立的文字笔画内容，打开“路径查找器”面板，建立“联集”（3.3 节将介绍），完成效果如图 3-23 所示。按组合键 Ctrl+Y 取消“轮廓”显示，对路径中生硬的部分使用“平滑工具”进行微调，完成效果如图 3-24 所示。

图 3-23　完成每个字的“联集”

图 3-24　完成文字的细节调整

（4）对文字进行编排。选择“选择工具”，分别调整每个文字的大小及位置，强化画面中元素的对比、均衡、和谐等视觉效果。调整完毕后，选取所有文字，打开“路径查找器”面板，为其建立“联集”，完成效果如图 3-25 所示。

图 3-25　对文字进行设计

（5）制作标题文字扩边。将步骤（4）的标题文字复制一组置于旁边备用。选其中一组文字填充颜色，设置 C 为 40%、M 为 70%、Y 为 70%、K 为 55%，执行菜单命令“对象” - “路径” - “偏移路径”，在对话框中设置“偏移”为 2mm，“连接”为“斜接”，“斜接限制”为 4，勾选“预览”复选框查看效果，如数值不合适可自行调整，完成偏移路径操作后的效果如图 3-26 所示。

图 3-26　完成偏移路径操作后的效果

（6）使用“直接选择工具”将标题文字中细小镂空部分剔除，使其更具整体感，效果如图 3-27 所示。

图 3-27　剔除标题文字中的镂空部分

（7）此时标题文字由两层填充颜色相同的图形组成，选取上层内容填充颜色，设置 C 为 64%、M 为 90%、Y 为 90%、K 为 60%，完成效果如图 3-28 所示。

图 3-28　上层标题填色

（8）将标题文字组合。将备用的标题文字与步骤（7）的结果进行组合，完成效果如图 3-29 所示。

图 3-29　图形叠放

（9）制作模板。使用“铅笔工具”绘制残破木板条，木板条随意绘制，但要避免有直边出现，效果如图 3-30 所示。绘制若干木板条后，对其进行罗列、压扁，形成比较密实的木纹效果，完成效果如图 3-31 所示。

图 3-30 绘制残破木板条

图 3-31 完成木纹制作

（10）用“铅笔工具”绘制能容纳木纹的木板，然后复制一个并填充颜色（C 为 40%、M 为 70%、Y 为 70%、K 为 70%），为木板制作阴影，将填充了颜色的图形置于最底层，调整位置，完成效果如图 3-32 所示。

图 3-32 完成木板制作

（11）将步骤（8）中制作的标题文字移到木板上，调节大小及位置，完成效果如图 3-33 所示。

图 3-33 完成木板与文字的组合

（12）导入素材“瓢虫 .psd”，将其放置在木板上，调节其大小及位置，最终完成效果如图 3-20 所示。

3.3 路径查找器的应用

在 Illustrator 中对图形进行编辑时，“路径查找器”面板是最常用的工具之一。它拥有一组功能强大的编辑命令。使用“路径查找器”面板，可以使许多简单的路径在经过运算之后形成各种复杂的路径，这给设计师的创意提供了实现的可能。执行菜单命令“窗口”-“路径查找器”或使用组合键 Ctrl+Shift+F9，即可弹出“路径查找器”面板，如图 3-34 所示。

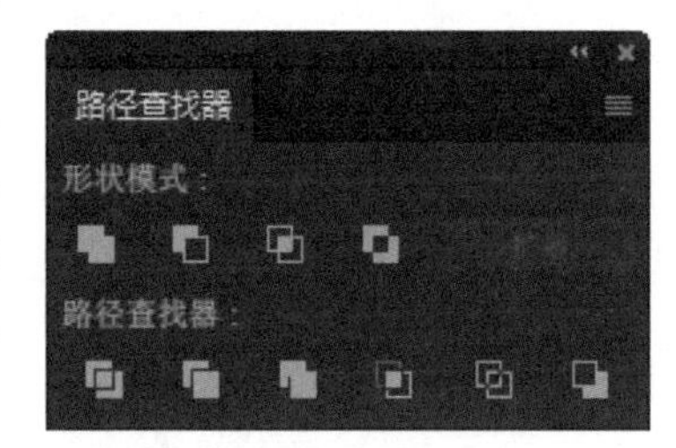

图 3-34　“路径查找器”面板

3.3.1 路径的运算

在“路径查找器”面板中，“形状模式”选项组中的按钮分别是“联集”“减去顶层”“交集”“差集”和“扩展”。其中，可以通过前 4 个按钮以不同的组合方式将多个图形对象制作成复合图形，“扩展”按钮的主要用途是将复合图形转变为复合路径。

“路径查找器”选项组包含“分割”“修边”“合并”“裁剪”“轮廓”和“减去后方对象”按钮。这组按钮主要是把对象分解成各个独立的部分，或者删除对象中不需要的部分。

下面将以图 3-35 所示的图形对象为例，分别讲解“联集”“减去顶层”“交集”“差集”按钮的效果。

1. “联集”按钮

“联集”按钮的作用是将选中的多个图形合并为一个图形，合并后，轮廓线及其重叠的部分会融合在一起，最前面对象的颜色决定了合并后的对象的颜色。图 3-36 所示为使用“联集”按钮的效果。

2. “减去顶层”按钮

“减去顶层”按钮的作用是用最后面的图形减去它前面的所有图形，可以保留最后面图形的填色和描边。图 3-37 所示为使用“减去顶层”按钮的效果。

3. “交集”按钮

“交集”按钮的作用是只保留图形对象重叠的部分，删除其他部分，重叠部分显示为最前面图形对象的填色和描边。图 3-38 所示为使用“交集”按钮将图中太阳、云层、山峰和树木组合后，与圆形背景进行交集的效果。注意：在使用“交集”按钮时，需要配合使用 Alt 键，选择的图层组合、图层位置及顺序不同，产生的结果也会有所不同。

图 3-35　原图效果

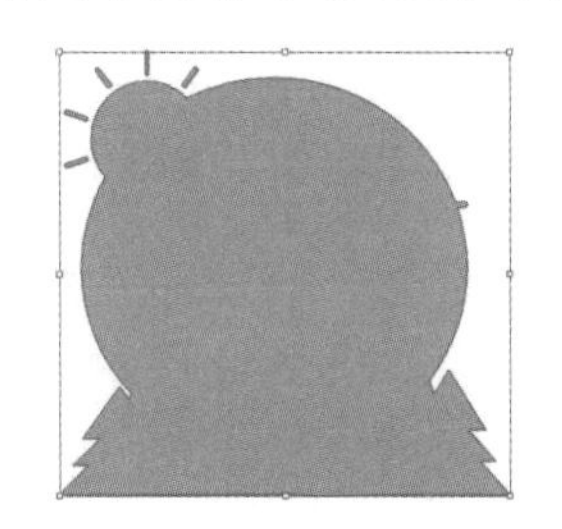
图 3-36　“联集”按钮的效果

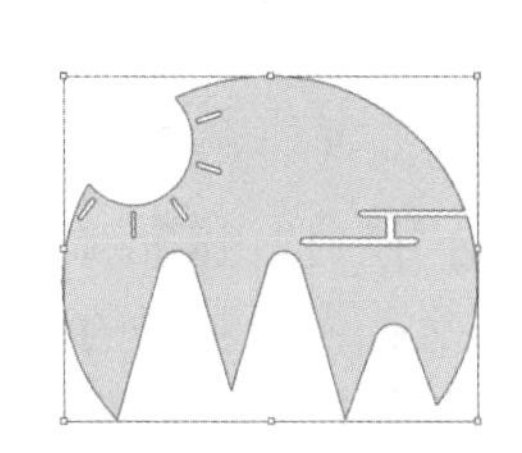
图 3-37　“减去顶层”按钮的效果

4.“差集”按钮

“差集”按钮的作用是只保留图形的非重叠部分，重叠部分被挖空，最终的图形显示为最前面图形对象的填色和描边。图 3-39 所示为使用“差集”按钮的效果。

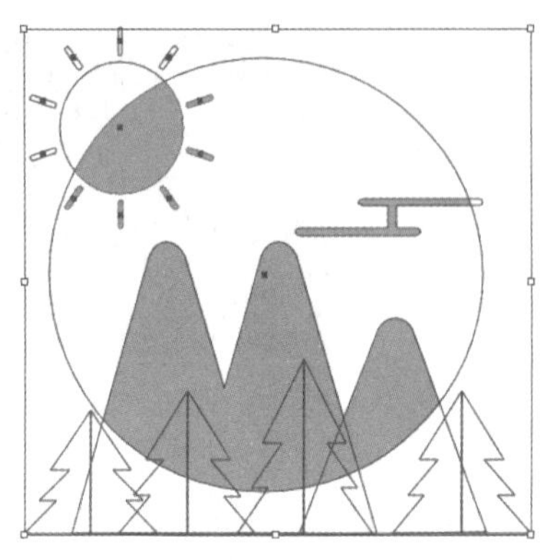

图 3-38 “交集”按钮的效果

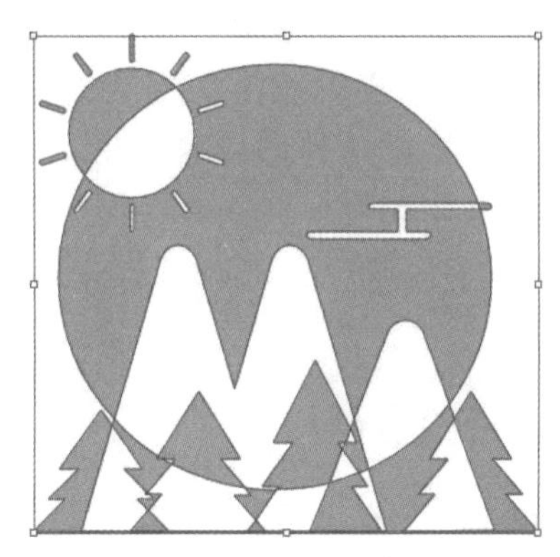

图 3-39 “差集”按钮的效果

3.3.2 “分割”按钮与“合并”按钮

在“路径查找器”选项组中，最常用到的是“分割”按钮与“合并”按钮，下面对二者进行详细的讲解。

1.“分割”按钮

“分割”按钮的作用是对图形重叠的区域进行分割，使之成为单独的图形，分割后的图形可以保留原图形的填色和描边，并自动编组。在原图形上创建多条路径，如图 3-40 所示，单击“分割”按钮，取消编组并移动图形后的效果如图 3-41 所示。

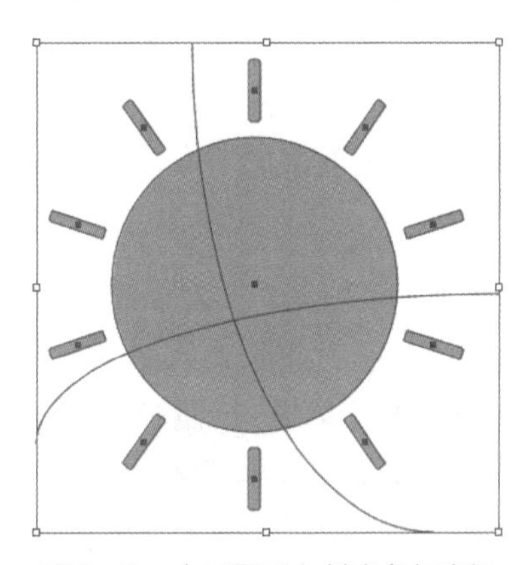

图 3-40 在原图形上创建多条路径

图 3-41 分割后的效果

2.“合并”按钮

“合并”按钮的作用是填色不同的图形合并后，使最前面的图形形状保持不变，但其与后面图形重叠的部分将被删除。图 3-42 所示为原图形，执行合并后将图形移动分开的效果如图 3-43 所示。

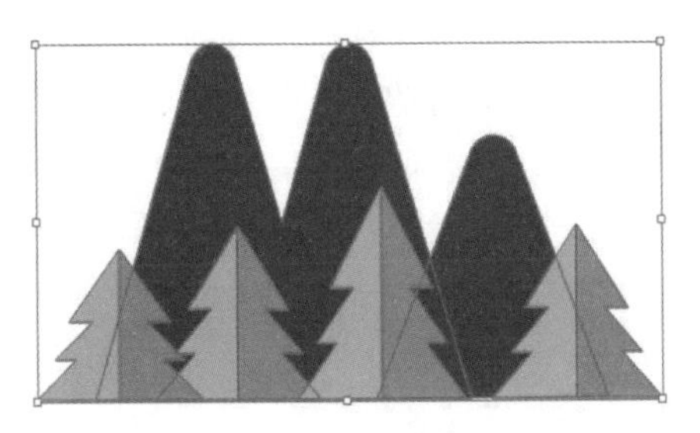

图 3-42　原图形

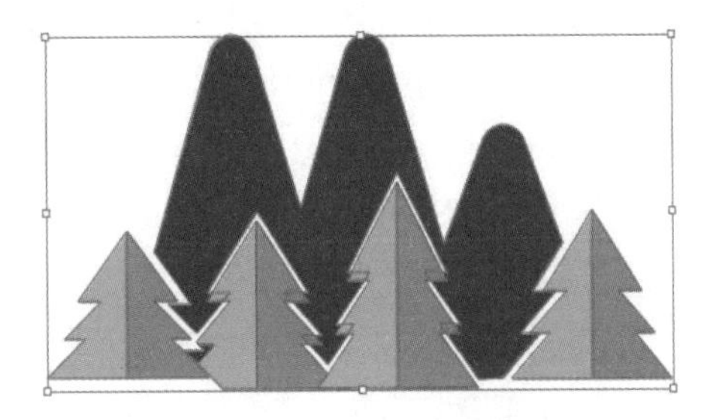

图 3-43　合并后移动分开

3.3.3　演示案例："江南小镇"插画设计

演示案例："江南小镇"插画设计

本案例使用 Illustrator 的"路径查找器""矩形工具""自由变换工具"进行设计与绘制，以使读者熟悉相应面板的使用方法。

最终完成效果如图 3-44 所示。

图 3-44　最终完成效果

（1）新建文档并创建图形。启动 Illustrator 软件，新建文档，设置画布尺寸为 210mm × 285mm，方向为横向，色彩模式为 CMYK。置入素材"江南手绘草图 .tif"并按组合键 Ctrl+2 将草图锁定，如图 3-45 所示。

（2）使用"矩形工具"绘制屋顶，根据草图进行绘制并调整位置，为屋顶填充颜色（C 为 85%、M 为 70%、Y 为 0%、K 为 0%），完成效果如图 3-46 所示。

（3）执行菜单命令"自由变换工具"－"透视扭曲"，调整屋顶形状，将每个屋顶单独调整成梯形，并用“矩形工具”绘制墙面，墙面的宽度与屋顶梯形的上底等宽，全部绘制完成后，每个屋顶和对应的墙面为一组，对其进行“水平居中对齐”操作，如图 3-47 所示。

图 3-45　江南小镇手绘草图

图 3-46　绘制矩形屋顶

（4）选择“直接选择工具”，对墙面底下的锚点进行框选，如图 3-48 所示，选中以后进行“垂直底对齐”操作，参照草图调整墙面垂直高度，并将墙面填充为白色，如图 3-49 所示。

（5）根据草图，对房屋的前后层叠关系进行调整，并添加窗户等墙面元素，如图 3-50 所示。

图 3-47　调整屋顶及绘制墙面

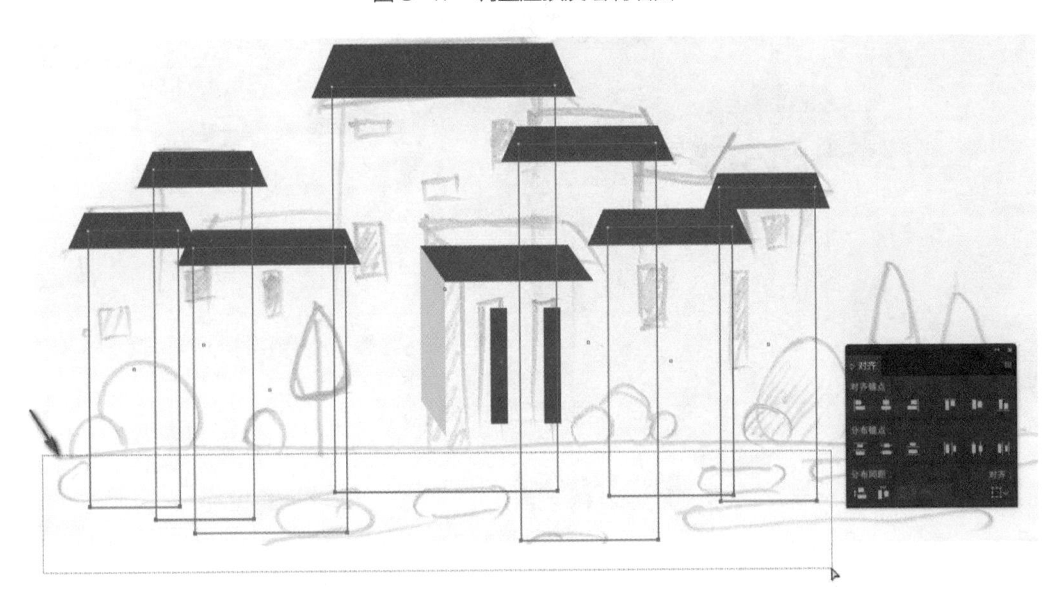

图 3-48　用“直接选择工具”框选锚点

（6）使用“圆角矩形工具”绘制水面，如图 3-51 所示。继续绘制圆角矩形，将圆角矩形的间隙填充，并将构成水面的图形全选，单击“路径查找器”面板的“形状模式”选项组中的“联集”按钮，将其合并成一个图形，如图 3-52 所示。

（7）使用“圆角矩形工具”绘制波纹，注意图 3-53 中标记处的宽度和位置，为了能够清晰分辨图形的边界，可以使用不同颜色来区分。调整波纹将其置于合适位置，如图 3-54 所示。

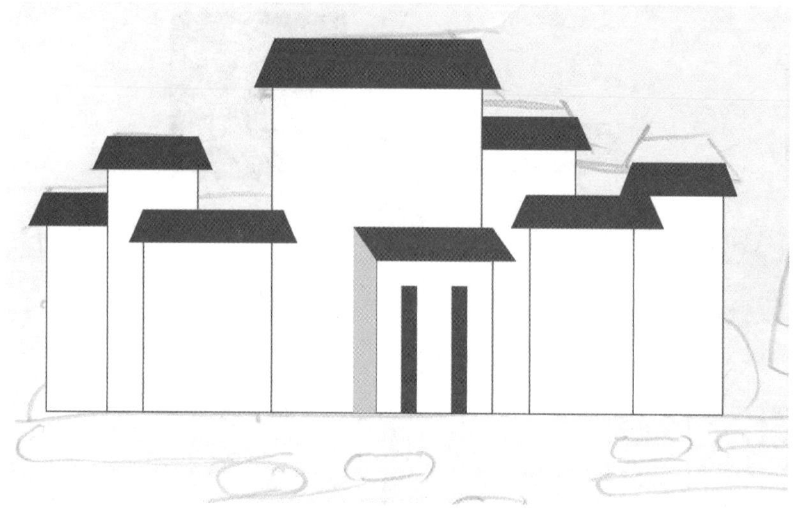

图 3-49 调整墙面底边对齐

图 3-50 调整层叠关系并绘制窗户

图 3-51 绘制水面

图 3-52　将水面合并成一个图形

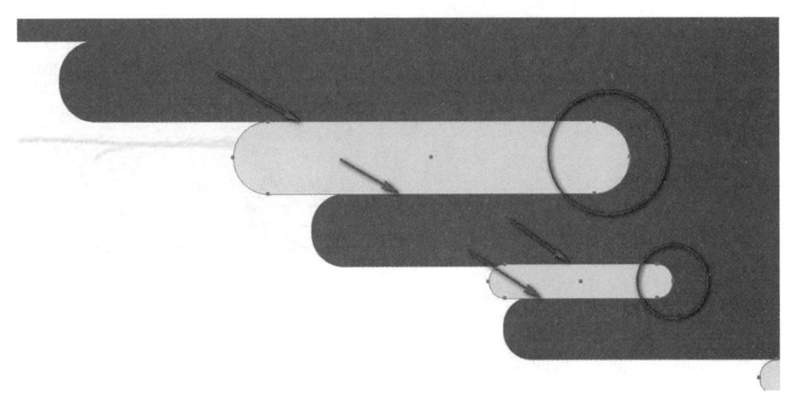

图 3-53　绘制波纹的局部效果

图 3-54　调整波纹

（8）将所有黄色的图形选中，单击“路径查找器”面板的“形状模式”选项组中的“联集”按钮，将其合并成一个图形，选取蓝色的河面与黄色的波纹，单击“路径查找器”面板的“形状模式”选项组中的“减去顶层”按钮，进行图像的剪切，效果如图 3-55 所示。

图 3-55　完成水面的制作

（9）使用“椭圆工具”绘制一个圆形，填充颜色（C 为 10%、M 为 0%、Y 为 0%、K 为 0%），并按组合键 Ctrl+Shift+[将圆形放置在所有图形的下方，调整圆形的大小与位置，如图 3-56 所示。

图 3-56　绘制背景

（10）新建一个矩形，将圆形从地面处至顶部的区域进行覆盖，选择矩形与圆形，单击“路径查找器”面板的“形状模式”选项组中的“交集”按钮，同时将用于区分墙面边界的“描边”设定为“无描边”，效果如图 3-57 所示。

图 3-57　制作天空背景

（11）利用“交集”“联集”按钮和“椭圆工具”绘制其他点缀元素来丰富画面效果，方法与步骤（10）制作天空背景的方法相同，绘制完成后调整各元素的层叠顺序、大小、颜色，完成效果如图 3-58 所示。

图 3-58　绘制树、山脉、白云

（12）置入素材“江南 .tif ”并进行图像描摹，得到矢量文字，如图 3-59 所示。将文字进行排版和设计，设计风格定位为中国风。印章的制作方法是先绘制矩形，然后填充红色（C 为 0%、M 为 100%、Y 为 100%、K 为 0%），描边设置为“画笔控制板”-“炭笔 - 羽毛”，设置描边颜色（C 为 0%、M 为 100%、Y 为 100%、K 为 0%），执行菜单命令“对象” - “扩展外观”，将图形“解散群组”后，单击“路径查找器”面板“形状模式”选项组中的“联集”按钮，完成红色盖印图形的制作；再将素材“印章素材 - 字 .tif ”置入并进行“图像描摹”，将得到的矢量图形移入盖印图形中，单击“路径查找器”面板“形状模式”选项组中的“减去顶层”按钮，完成印章的制作，效果如图 3-60 所示。对其进行排版后的效果如图 3-61 所示。如果不需要印章边界的飞白效果，也可以使用“矩形工具”绘制正方形进行印章制作。

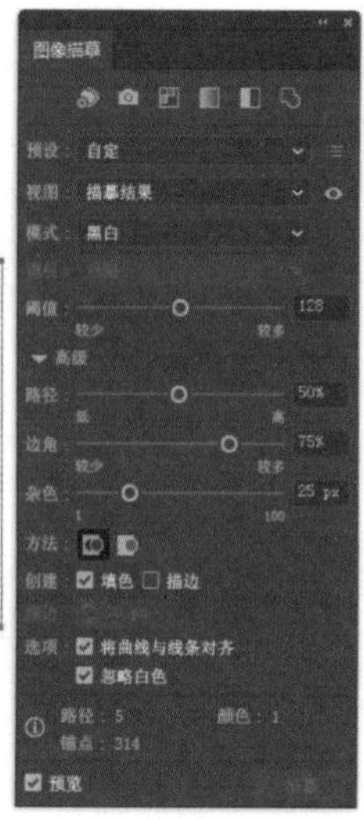

图 3-59　进行图像描摹

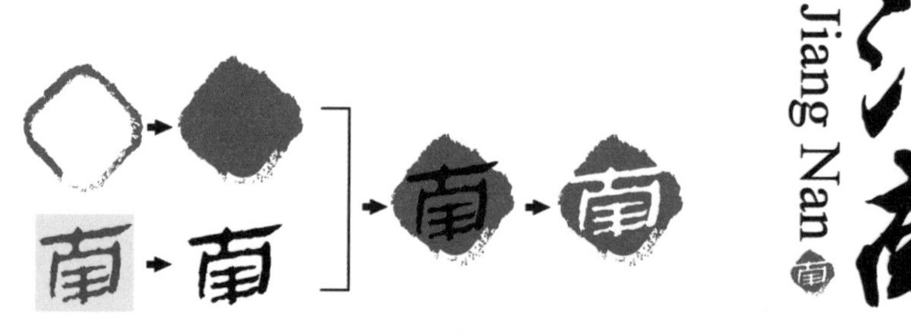

图 3-60　制作印章　　图 3-61　排版效果

将完成排版的标题放入制作完成的画面中并进行适当调整，最终完成效果如图 3-44 所示。

3.4 图像描摹

图像描摹是从位图生成矢量图的一种快捷方法，它可以将照片、图片等转变为矢量图，也可以基于位图快速绘制出矢量图。图像描摹是设计师在工作中常用的一项快速处理图片或图像的操作。

3.4.1 “图像描摹”面板

执行菜单命令“窗口”－“图像描摹”，可打开“图像描摹”面板，如图 3-62 所示。在进行图像描摹时，描摹的程度和效果都可以在该面板中进行设置。此外，在描摹之后如果想要进行修改，也可以在该面板中调整描摹的样式、描摹程度和视图效果。

“预设”：用来指定一个描摹的预设，其中包含图 3-63 所示下拉列表中的预设效果。常用到的预设效果有高保真度照片、3 色、灰阶，如图 3-64 所示。

“视图”：可以查看矢量轮廓或源图像，选择对象后可在该下拉列表中选择相应的选项。

“模式”：用来设置描摹结果的颜色模式，包括“彩色”“灰度”“黑白”。选择“黑白”

时，可以指定一个阈值，所有比该值大的像素会转换为白色，比该值小的像素会转换为黑色。

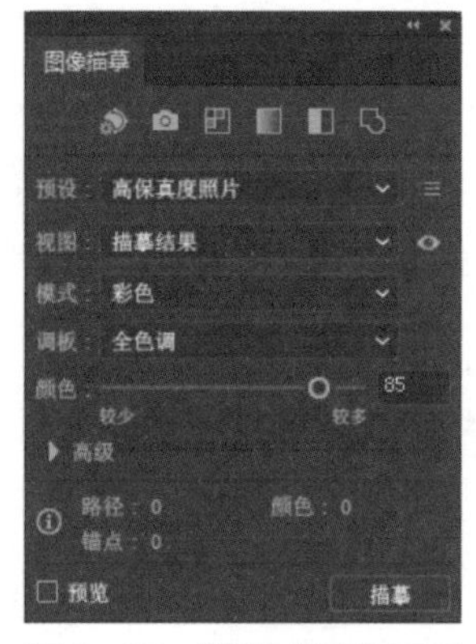

图 3-62 “图像描摹”面板

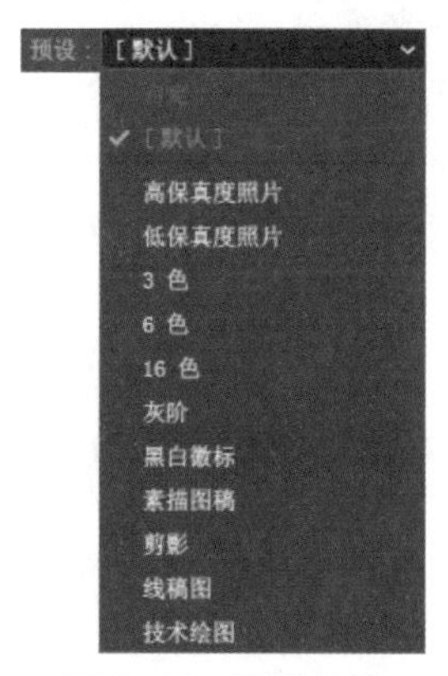

图 3-63 预设效果

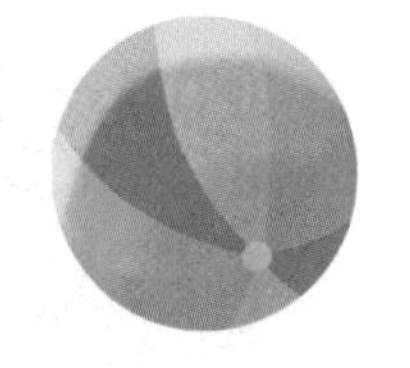
（1）原图

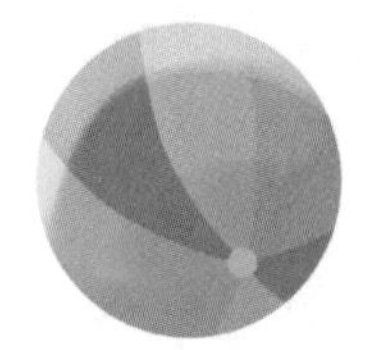
（2）高保真度照片

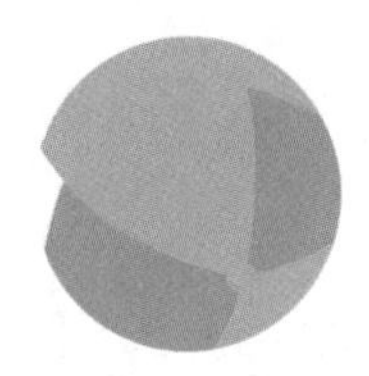
（3）3 色

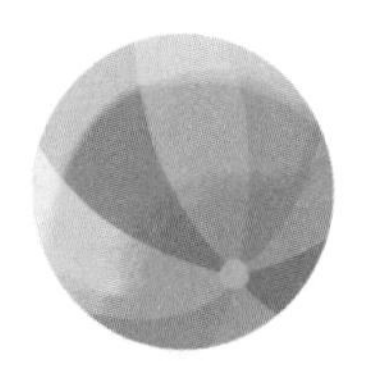
（4）灰阶

图 3-64 常用预设效果

“调板”：可指定用于从原始图像生成彩色或灰度描摹的调板。该选项仅在“模式”设置为“彩色”或“灰度”时可用。

“颜色”：指定在颜色描摹结果中使用的颜色数。该选项仅在“模式”设置为“彩色”时可用。

3.4.2 修改对象的显示状态

图像描摹对象由原始图像（即位图图像）和描摹结果（矢量图稿）两部分组成。在默认状态下，只能看到描摹结果。若要更改显示状态，可以选择描摹对象，在“图像描摹”面板中打开“视图”下拉列表，在其中选择要显示的选项，其中包括“描摹结果”“描摹结果（带轮廓）”“轮廓”“轮廓（带源图像）”“源图像”，如图 3-65 所示。

图 3-66 所示为“描摹结果（带轮廓）”和“轮廓”的效果。

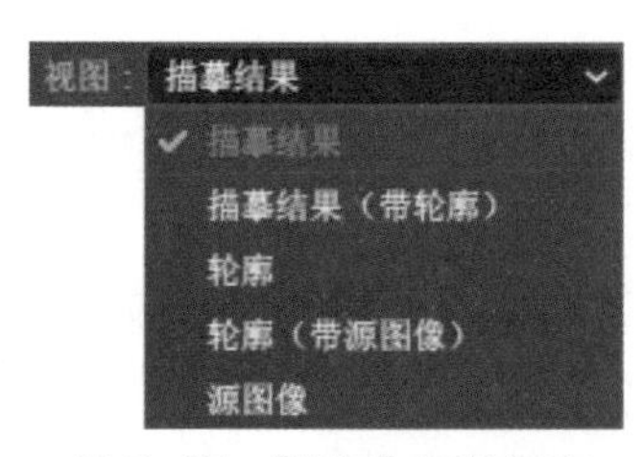

图 3-65 “视图”下拉列表

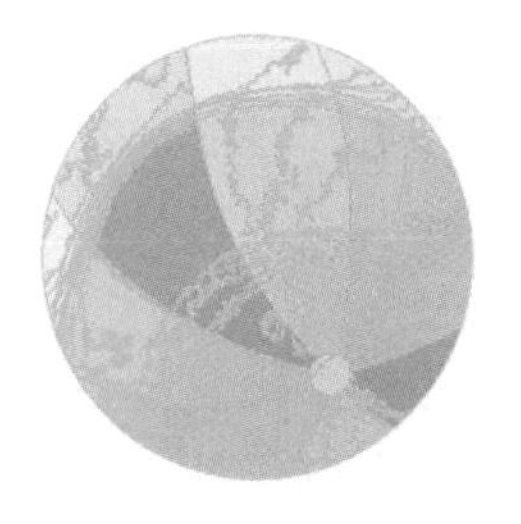
图 3-66 “描摹结果（带轮廓）”和“轮廓”的效果

图 3-67　将描摹对象转换为矢量图形

3.4.3　将描摹对象转换为矢量图形

对位图进行图像描摹后，选择对象，执行菜单命令“对象”-“图像描摹”-“扩展”或直接单击工具属性栏中的“扩展”按钮，可以将对象转换为矢量图形，如图 3-67 所示。如果要在描摹的同时将图像转换为矢量图形，可以执行菜单命令“对象”-“图像描摹”-“建立并扩展”。

3.4.4　演示案例：“波普风老虎”图像描摹设计

本案例使用 Illustrator 的“图像描摹”面板完成，同时使读者进一步熟悉“路径查找器”“魔棒工具”“群组命令”等内容，并对色彩构成知识进行回顾与应用。

最终完成效果如图 3-68 所示。

图 3-68　最终完成效果

演示案例：“波普风老虎”图像描摹设计

（1）新建文档。启动 Illustrator 软件并新建文档，设置画布尺寸为 210mm × 285mm，方向为横向，色彩模式为 CMYK。

（2）图像描摹。置入素材文件“老虎素材 .tif”，执行菜单命令“窗口”-“图像描摹”，在“图像描摹”面板中对描摹图像进行设置，“模式”设置为“彩色”，“颜色”数量为 4，如图 3-69 所示。

（3）查看描摹效果。此时得到图 3-70 所示的效果，描摹结果的画面中颜色数量为 4。使用“魔棒工具”分别选取每一种颜色，并将每种颜色的图形分别建立群组，方便后期编辑。

（4）完成配色。结合色彩构成相关知识进行配色，如色彩的冷暖对比、纯度对比、补色对比等，本案例采用“纯度对比”与“补色对比”结合的“波普风”进行配色，最终效果如图 3-68 所示。

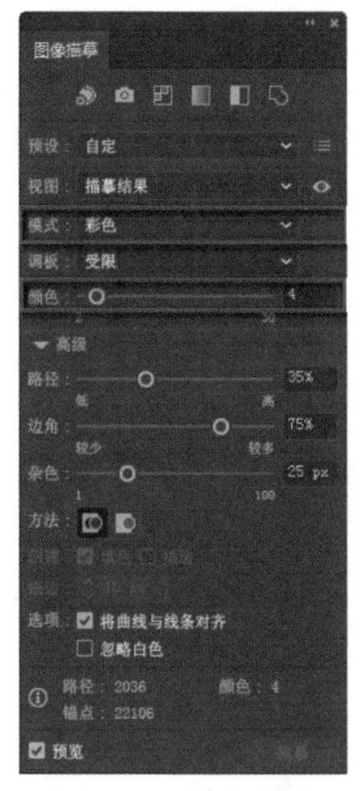

图 3-69　描摹设置

图 3-70　描摹结果

课堂练习

使用“毛笔工具”绘制路径，并使用“偏移路径”命令完成文字的绘制，完成效果如图 3-71 所示。具体制作要求如下。

图 3-71　制作文字

（1）文档要求：画布尺寸为 210mm × 285mm，色彩模式为 CMYK。

（2）绘制要求：合理使用相应的工具绘制，图形规整、规范，画面整洁。

本章总结

本章围绕 Illustrator 中路径的绘制与编辑，详细讲解了路径与锚点的相关概念、钢笔工具组的详细使用方法，以及常用的路径编辑命令，包括“连接”与“平均”命令、“轮廓化描边”命令和“偏移路径”命令。本章重点讲解了路径查找器的应用，对路径的运算方法进行了演示与操作。最后对图像描摹的方法进行了介绍。路径的绘制与编辑应用较为广泛，通过路径的运算可以制作出各式各样的图形效果，设计师应该熟练掌握路径的绘制与编辑方法，并将其灵活应用到实际工作中。

课后练习

综合运用本章所学的绘制路径、编辑路径、路径运算等知识，制作“自由型设计师 - 卡通”图片，制作完成效果如图 3-72 所示。具体制作要求如下。

（1）文档要求：画布尺寸为 210mm × 285mm，颜色模式为 CMYK。

（2）绘制要求：运用本章所学内容并结合之前所学技能，合理使用相应的工具绘制，图形规整、规范，画面整洁。

图 3-72　自由型设计师 - 卡通

第4章

图形样式的编辑

【本章目标】

- 掌握“填色和描边工具”的使用方法
- 熟悉“颜色”面板和“色板”面板的功能和具体使用方法
- 掌握描边的应用，如描边的粗细、填充和样式
- 掌握渐变样式的基本操作和编辑方法
- 掌握渐变网格的建立、编辑等相关应用
- 掌握图案填充的应用和符号面板的相关设置方法

【本章简介】

在 Illustrator 中，掌握图形样式的相关编辑方法可以绘制出具有创意且美观的图形，还可以将需要重复运用的图形制作成符号以供后续设计使用，从而提高工作效率。本章将重点讲解图形样式的相关操作及编辑方法，包括“填色和描边工具”、“颜色”面板和“色板”面板的应用，描边样式和渐变样式的应用，以及图案填充与“符号”面板的相关应用。读者在学习的过程中，只有熟练掌握图形样式的编辑，才能设计出与众不同、有新意的作品。

4.1 颜色填充样式的应用

在 Illustrator 中，用于填充的内容包括“色板”面板中的单色对象、图案对象或渐变对象，以及“颜色”面板中的自定义颜色。另外，“色板库”菜单提供了多种外挂的色谱、渐变对象和图案对象。

4.1.1 “填色和描边工具”

在工具栏中，使用“填色和描边工具”可以指定所选对象的填充颜色和描边颜色。单击工具右上角的按钮或使用快捷键 X 可以切换填色和描边显示框的位置，使用组合键 Shift+X 可以将选定对象进行填色和描边的切换。“填色和描边工具”下方有 3 个按钮，从左至右分别是“颜色”“渐变”和“无”。渐变填充不能作用于图形对象的描边上。

图 4-1 “颜色”面板

4.1.2 “颜色”面板

在 Illustrator 中，可以通过“颜色”面板来设置对象的填充颜色。执行菜单命令“窗口”-“颜色”或使用快捷键 F6 即可打开“颜色”面板，单击面板右上方的图标，可以在子菜单中选择当前取色时使用的颜色模式。无论选择哪一种颜色模式，面板都将显示出相关的颜色内容，如图 4-1 所示。

可以通过拖曳滑块进行色彩的选取，也可以在对应的数值文本框中输入有效的数值来精确地调配颜色，还可以在“颜色”面板下方的色谱中单击进行取色。

4.1.3 “色板”面板

执行菜单命令“窗口”-“色板”即可打开“色板”面板。在面板中单击需要的颜色或样本即可将其选中。“色板”面板提供了“灰色”和“Web 颜色组”两个颜色组，还提供了多种颜色和图案，并且允许添加并存储自定义的颜色和图案，如图 4-2 所示。在“色板”面板的下方，有一排按钮，分别为“色板库”菜单按钮、打开“颜色主题”面板的按钮、将选定色板和颜色组添加到我的当前库的按钮、“色板类型”菜单按钮、“色板选项”按钮、“新建颜色组”按钮、“新建色板”按钮、“删除色板”按钮。可以根据需要进行相应的操作。

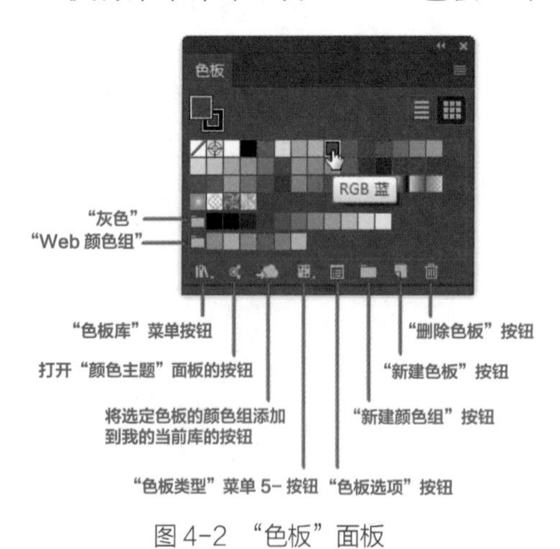

图 4-2 “色板”面板

双击“色板”面板中的“色板选项”按钮，

将会弹出“色板选项”对话框，在该对话框中可以设置颜色的相应属性，包括色板名称、颜色类型、颜色模式等，如图 4-3 所示。

单击“新建色板”按钮，弹出“新建色板”对话框，如图 4-4 所示，可以将某个颜色或样本添加到“色板”面板中。

在 Illustrator 中，除“色板”面板中默认的样本外，“色板库”子菜单还提供了多种样本。执行菜单命令“窗口”－“色板库”，在子菜单中可以选择不同种类的样本，如图 4-5 所示。

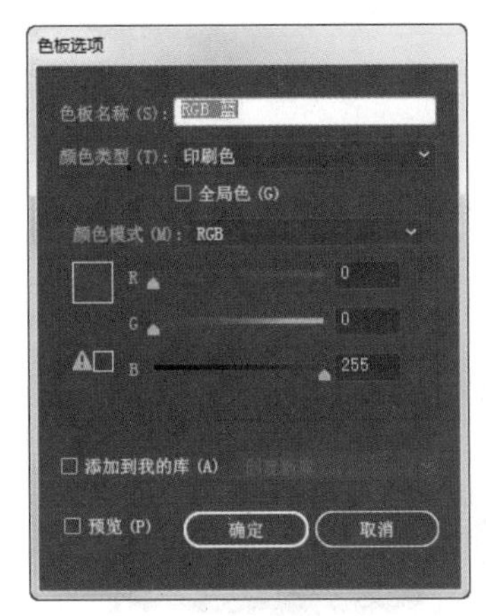

图 4-3　“色板选项”对话框

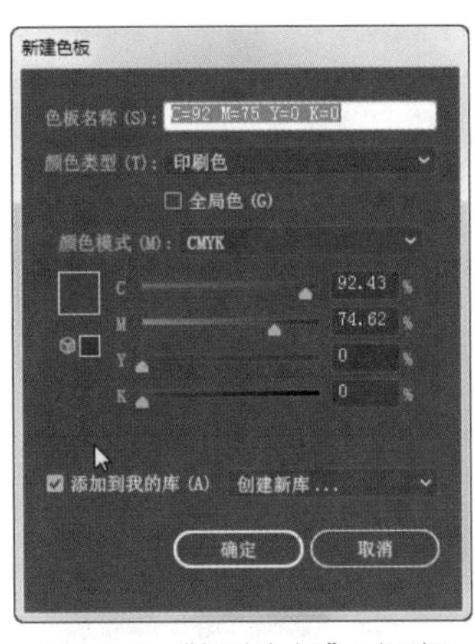

图 4-4　“新建色板”对话框

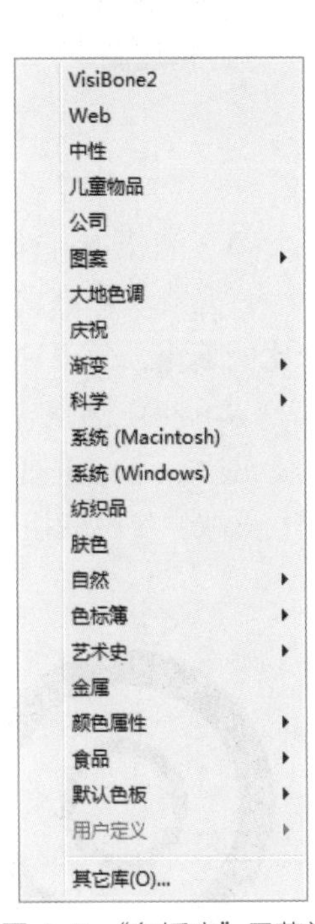

图 4-5　“色板库”子菜单

4.1.4　演示案例：扁平风格图标设计——设置按钮

本案例将使用 Illustrator 的“填色和描边工具”“路径查找器”面板、矩形工具组、混合模式等来完成。读者重在掌握“填色和描边工具”“旋转工具”“对齐工具”“路径查找器”的用法，以及对混合模式有初步的认识。

图 4-6　最终完成效果

演示案例：扁平风格图标设计——设置按钮

最终完成效果如图 4-6 所示。

（1）新建文档。启动 Illustrator 软件，新建文档，尺寸为 210mm × 285mm，方向为横向，色彩模式为 CMYK。

（2）绘制圆环。使用“椭圆工具”绘制一个圆形，填充黑色后，将其复制并进行“贴在前边”操作，此时得到的是两个填充颜色相同的同心圆。然后同时选取这两个圆形，打开“路径查找器”面板，按 Alt 键并单击“形状模式”选项组中的“减去顶层”和“扩展”按钮，完成圆环的制作，如图 4-7 所示。

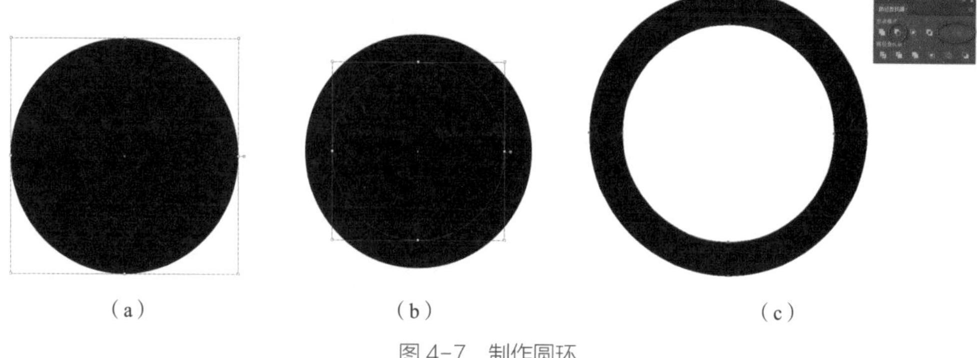

（a）　（b）　（c）

图 4-7　制作圆环

（3）制作内部圆环。选取绘制完成的圆环，按组合键 Ctrl+C 完成复制，按组合键 Ctrl+F 完成“贴在前边”操作（或按组合键 Ctrl+Shift+V 原位粘贴），并将粘贴的圆环等比例缩小，效果如图 4-8 所示。

（4）制作圆角梯形。首先绘制圆角矩形，绘制过程中在长按鼠标左键的情况下按键盘上的上、下键进行圆角调节，然后按 Shift 键绘制圆角正方形，绘制完成后释放鼠标左键，选取“自由变换工具”中的“透视扭曲”，将圆角正方形调整为圆角梯形，如图 4-9 所示。

图 4-8　制作内部圆环

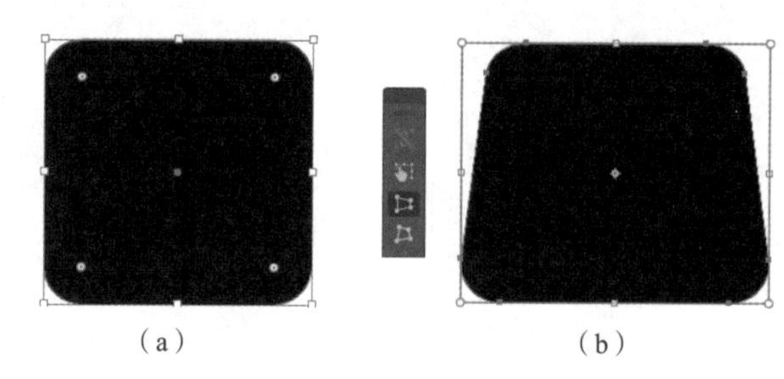

（a）　（b）

图 4-9　完成圆角梯形的制作

（5）制作边齿单元图形。将圆角梯形放置到圆环上，并以圆环为基准进行“水平居中对齐”操作，完成效果如图 4-10 所示。

图 4-10　制作边齿单元图形

（6）完成边齿的制作。选取顶部圆角梯形，将其向下拖曳的同时按组合键 Alt+Shift 完成复制，将复制的圆角梯形旋转 180° 并置于圆环底部，通过“对齐”面板进行“垂直居中对齐”“水平居中对齐”操作，完成圆角梯形与圆环的对齐，如图 4-11 所示。选取上下，两个圆角梯形并建立联集，双击工具栏中的“旋转工具”，设定“角度”为 45°，勾选“预览”复选框，单击“复制”按钮完成一组边齿的旋转复制操作，如图 4-12 所示。按组合键 Ctrl+D 两次执行“再次变换”操作，完成齿轮的制作，如图 4-13 所示。

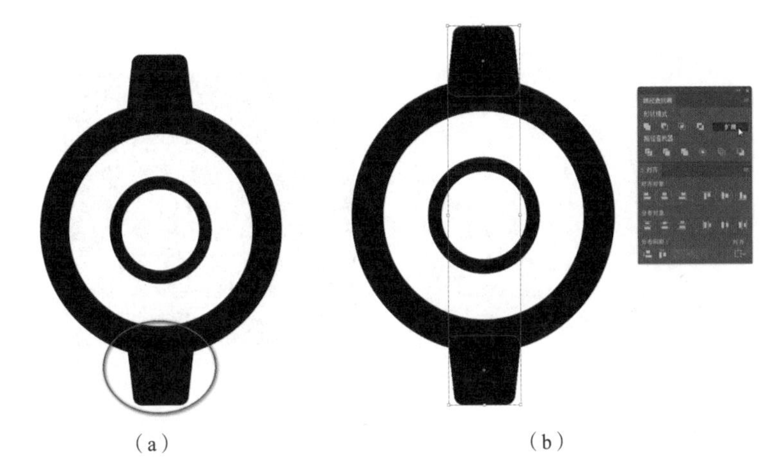

（a）　（b）

图 4-11　绘制一组边齿

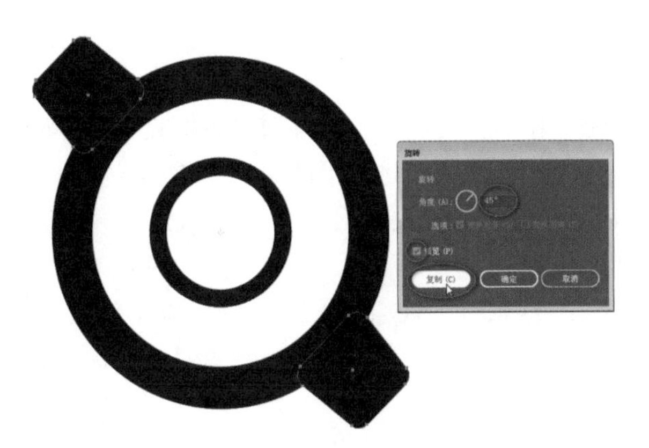

图 4-12　旋转复制边齿

图 4-13　完成齿轮的制作

（7）建立联集。现在完成的齿轮图形中的所有部件都是零散的，将所有同属性的图形建立联集可以避免在编辑和移动过程中出现错位。选取所有图形，打开“路径查找器”面板，单击“形状模式”选项组中的“扩展”按钮完成联集操作，效果如图 4-14 所示。

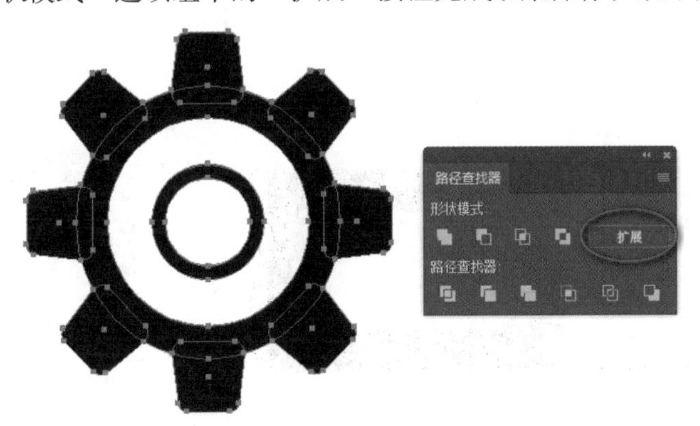

图 4-14　建立联集

（8）绘制圆角矩形。绘制圆角矩形并将其置于齿轮下方，为圆角矩形填充颜色（C 为 100%、M 为 0%、Y 为 0%、K 为 0%），将齿轮填充为白色，如图 4-15 所示。

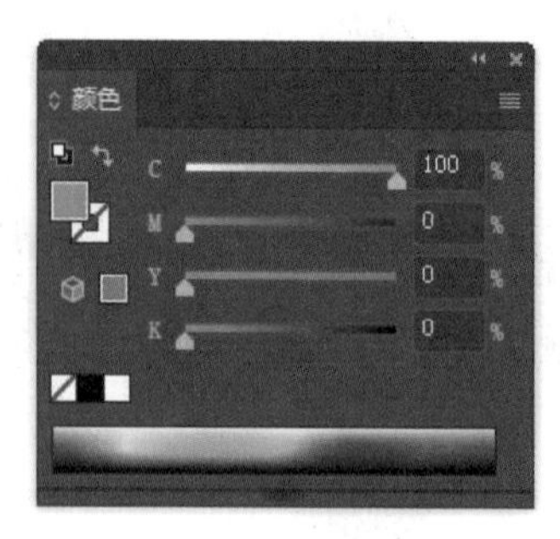

图 4-15　绘制圆角矩形

（9）居中对齐。选取绘制的圆角矩形和齿轮图形，执行“垂直居中对齐”“水平居中对齐”操作，最终效果如图 4-6 所示。

4.2　描边的应用

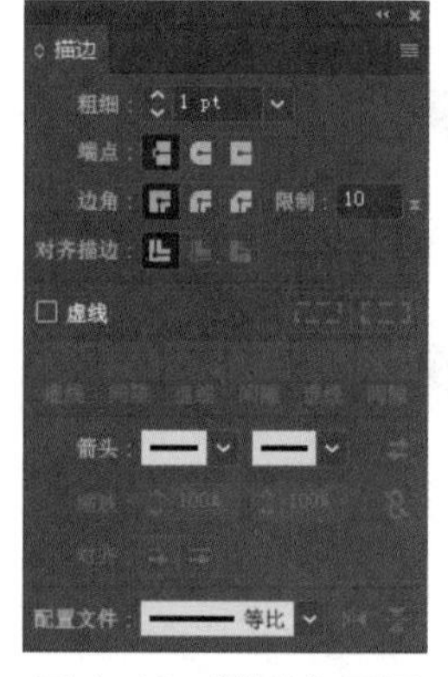

图 4-16　“描边”面板

描边指的是对象的描边线。在对描边进行填充时，可以对其进行相应的设置，例如改变描边的形状、粗细或样式等。执行菜单命令“窗口”－“描边”或使用组合键 Ctrl+F10，即可打开“描边”面板，如图 4-16 所示。

（1）“粗细”：可以设置描边的宽度。

（2）“端点”：可以指定描边线段首端和尾端的形状样式，包括平头、圆头和方头 3 种样式。

（3）“边角”：可以指定一段描边的拐点，即拐角形状，包括斜接、圆角和斜角 3 种形状。

（4）“限制”：设置斜角的长度，决定了描边沿路径改变方向时伸展的长度。

（5）“对齐描边”：用于设置描边与路径的对齐方式，包括描边居中对齐、描边内侧对齐和描边外侧对齐。

（6）“虚线”：可以创建描边的虚线效果。

4.2.1　设置描边的粗细

在设置描边的宽度时，将会用到“描边”面板中的“粗细”选项，可以手动输入合适的数值，也可以在下拉列表中选择合适的数值。图 4-17 所示为将默认矩形对象的描边粗细从 1pt 修改为 10pt 的对比效果。

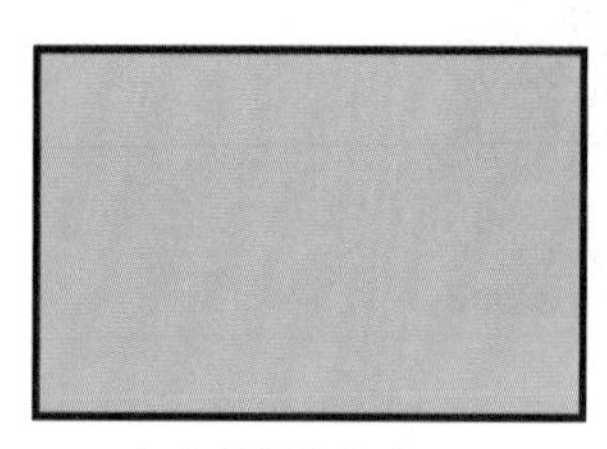

（a）描边粗细为 1pt

（b）描边粗细为 10pt

图 4-17　描边的粗细

4.2.2　设置描边的填充

在设置描边的填充时，需要保证对象处于选中状态，然后在“色板”面板中单击选取所需的填充样式即可，效果如图 4-18 所示。另外，在“颜色”控制面板中也可以调配所需要的颜色。

图 4-18　描边的填充

4.2.3　设置描边的样式

描边的样式包括“端点”“边角”“虚线”和“箭头”。可以通过“描边”面板来选择所需的样式。

1. 设置端点和边角选项

“端点”是指一段描边的首端和末端，在“描边”面板中可以选择不同的首末两端的顶点样式。图 4-19 所示为两种不同端点样式的效果。

“边角”指的是描边的拐点，边角样式就是指描边拐角处的形状。在“描边”面板中有 3 种不同的样式，分别是斜接连接、圆角连接和斜角连接。3 种样式可以在选中对象的前提下，单击面板中相应的样式按钮应用，效果如图 4-20 所示。

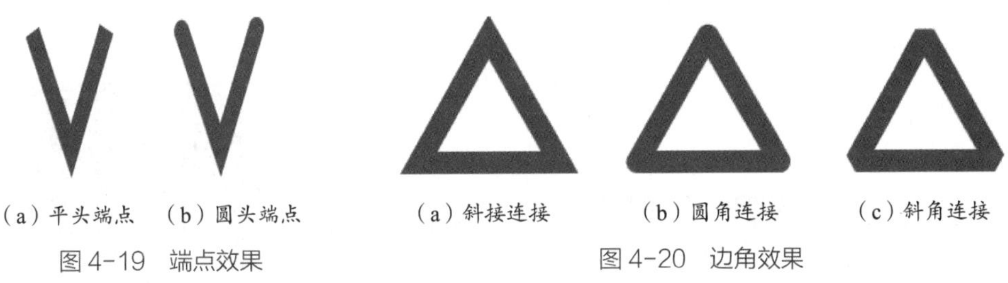
（a）平头端点　（b）圆头端点

图 4-19　端点效果

（a）斜接连接　（b）圆角连接　（c）斜角连接

图 4-20　边角效果

2. 设置虚线选项

勾选“描边”面板中的“虚线”复选框，可以看到在“虚线”选项组里包括 6 个数值文本框，如图 4-21 所示。

“虚线”数值文本框用来设定每一段虚线的长度，数值越大，虚线的长度越长；数值越小，虚线的长度就越短。当只输入一个虚线长度值时，绘制的虚线与间隙相同。图 4-22 所示为设置不同虚线长度值的描边效果。

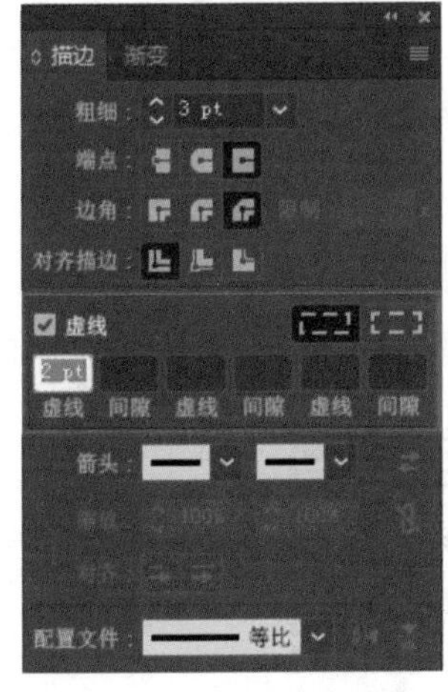

图 4-21　“虚线”选项组

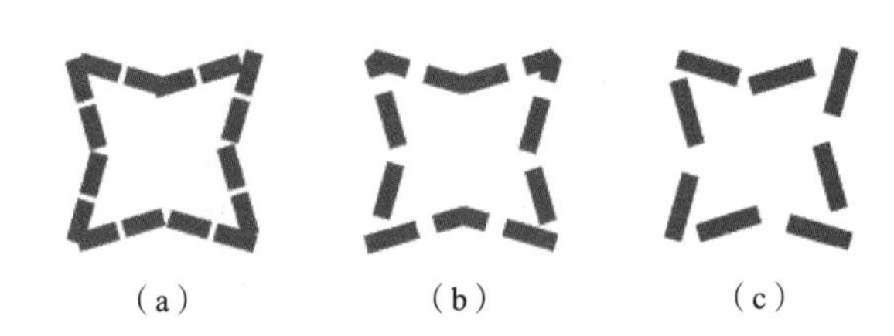
（a）　（b）　（c）

图 4-22　不同虚线长度值的描边效果

“间隙”数值文本框用来设定虚线段之间的距离，数值越大，虚线段之间的距离就越大；数值越小，虚线段之间的距离就越小。图 4-23 所示为设置不同虚线间隙的描边效果。

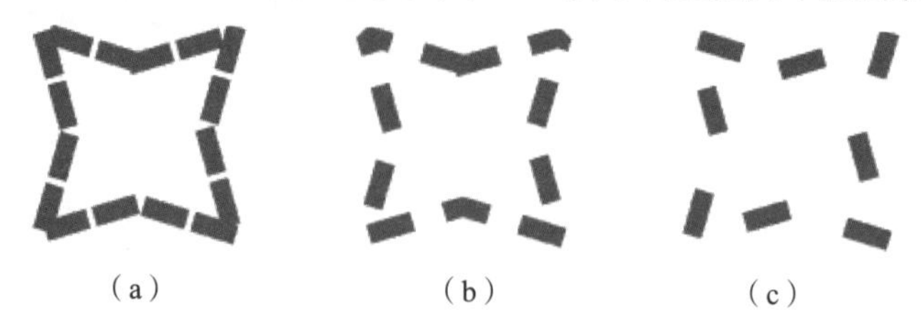

图 4-23　不同虚线间隙的描边效果

3. 设置箭头选项

在“描边”面板中，“箭头”选项组包括“起点”箭头和“终点”箭头，箭头样式如图 4-24 所示。

除此以外，在面板中还可以对箭头进行缩放和对齐，也可以在“配置文件”下拉列表中改变曲线描边的形状，如图 4-25 所示。读者可以在练习中通过选择不同的选项来观察各种描边形状的不同。

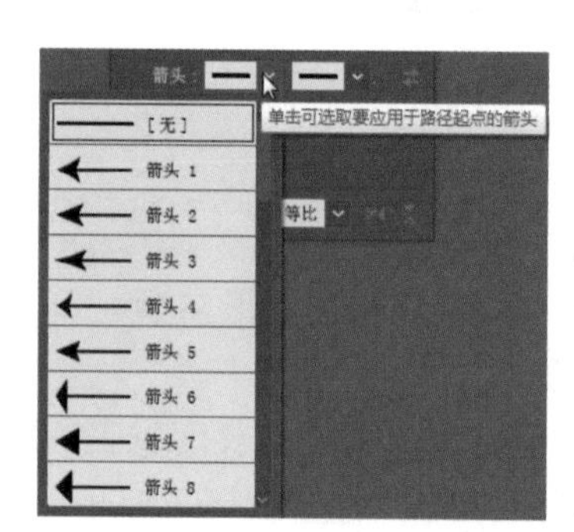

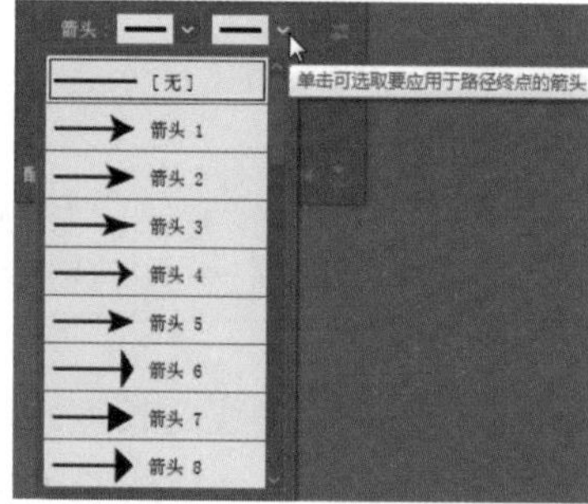

图 4-24　箭头样式

图 4-25　“配置文件”下拉列表

4.2.4　演示案例：线性图标设计——电源开关按钮

本案例使用 Illustrator 的“椭圆工具”“直线段工具”“钢笔工具”“路径查找器”进行线性图标的设计与绘制，同时使读者熟悉“颜色”“描边工具”面板的使用方法。

最终完成效果如图 4-26 所示。

图 4-26　最终完成效果

（1）新建文档并创建图形。启动 Illustrator 软件，新建文档，设置尺寸为 210mm × 285mm，方向为横向，色彩模式为 CMYK。选取“椭圆工具”，单击画布，在弹出的“椭圆”对话框中设置“宽度”为 80mm，“高度”为 80mm，完成圆形的创建，如图 4-27 所示。

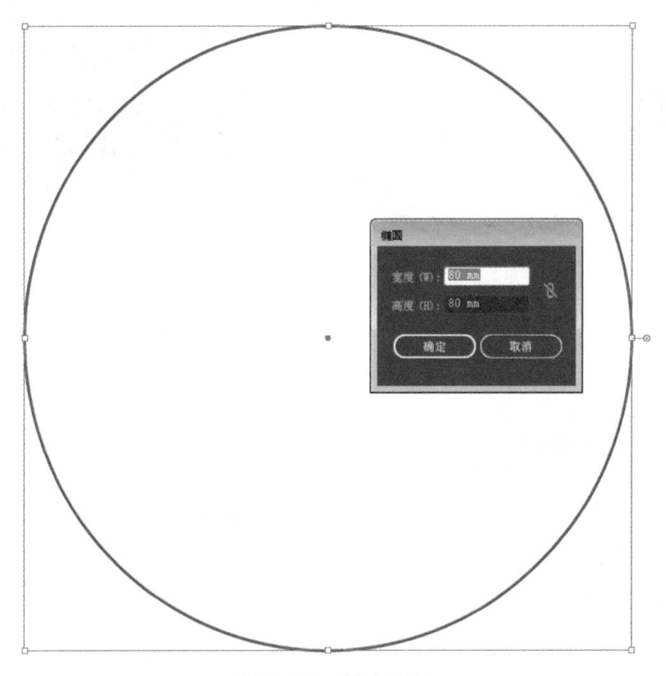

图 4-27　创建图形

（2）调整描边。选取圆形，打开“描边”面板，在“粗细”文本框中输入 16pt，完成效果如图 4-28 所示。

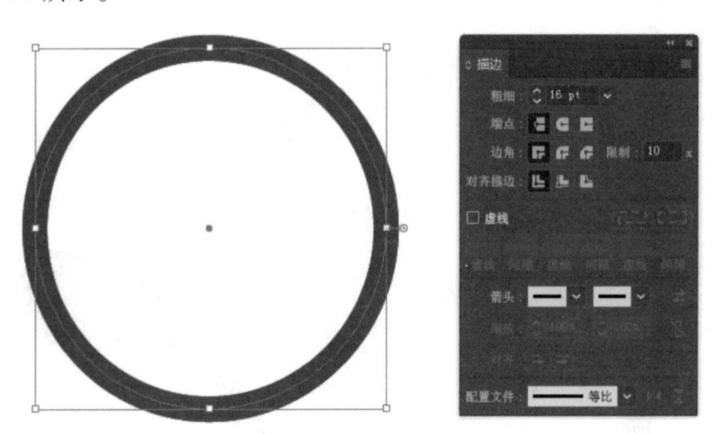

图 4-28　调整描边粗细

（3）绘制内部圆形。选取已绘制的圆形，按组合键 Ctrl+C 复制后现再按组合键 Ctrl+F 进行“贴在前面”操作。新图形处于选中状态时，打开“变换”面板，输入宽、高数值为 40mm，按 Enter 键确认，得到图 4-29 的效果。

（4）创建辅助线。为了能精确地标记中心点，需要为图形创建辅助线，辅助线可以通过拖曳标尺进行创建，创建结果如图 4-30 所示。

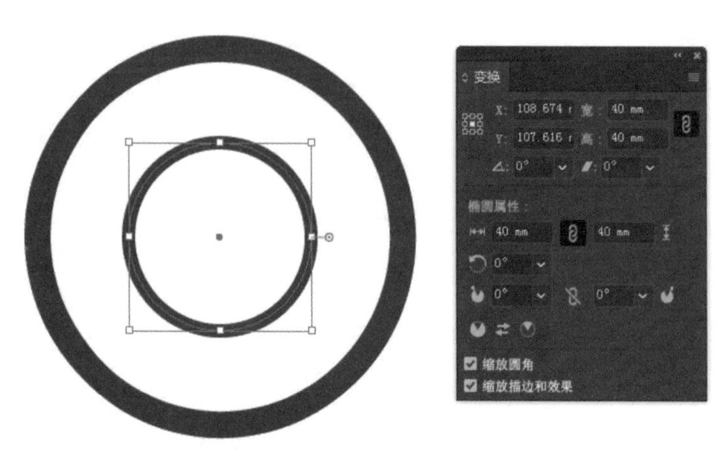

图 4-29　内部圆形的绘制

（5）绘制剪切图形。使用“钢笔工具”绘制剪切图形，使图形的顶点处于圆心，并且有两条边和内部圆形的路径相交于同一水平线上，即图 4-31 所示箭头标记处。

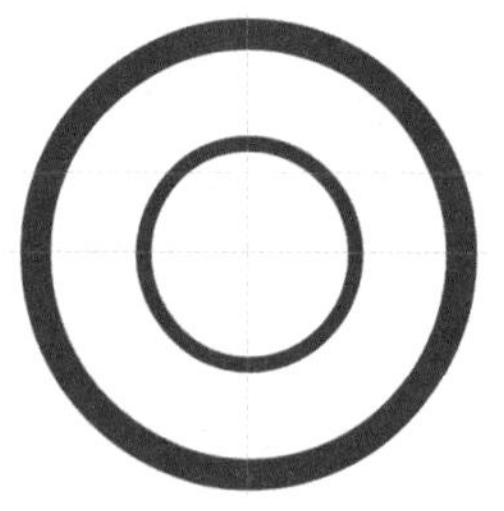

图 4-30　创建辅助线

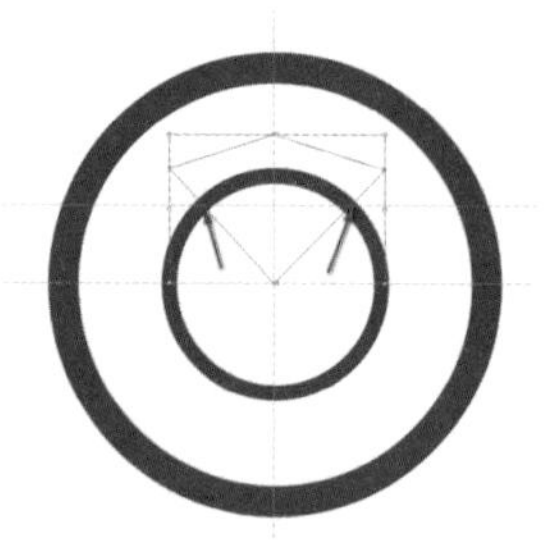

图 4-31　绘制剪切图形

（6）完成剪切操作。同时选取内部圆形和剪切图形，打开“路径查找器”面板，按 Alt 键的同时单击“减去顶层”按钮，随后再单击“扩展”按钮完成剪切操作，如图 4-32 所示。

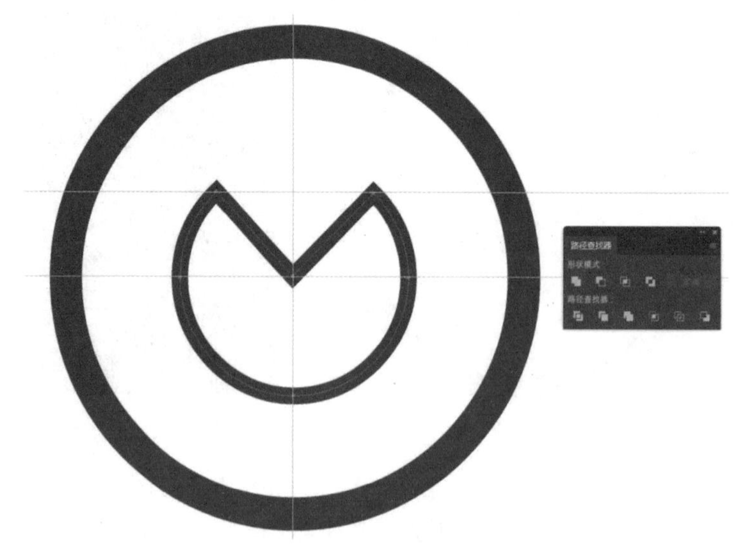

图 4-32　完成剪切操作

（7）删除多余路径。使用“直接选择工具”选择处于圆心处的锚点，并进行删除，完成后效果如图 4-33 所示。

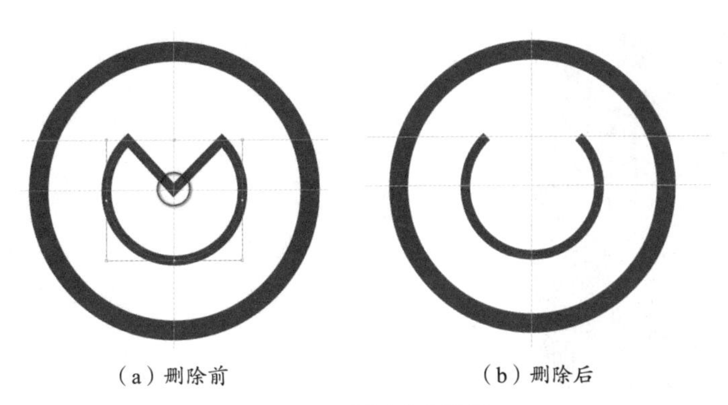

图 4-33　删除多余路径

（8）绘制竖线。选取“直线段工具”，单击画布，在弹出的“直线段工具选项”对话框中设置“高度”为 20mm、“角度”为 270°，并单击“确定”按钮。调整线段的位置，使其底端锚点与圆心重合，完成效果如图 4-34 所示。

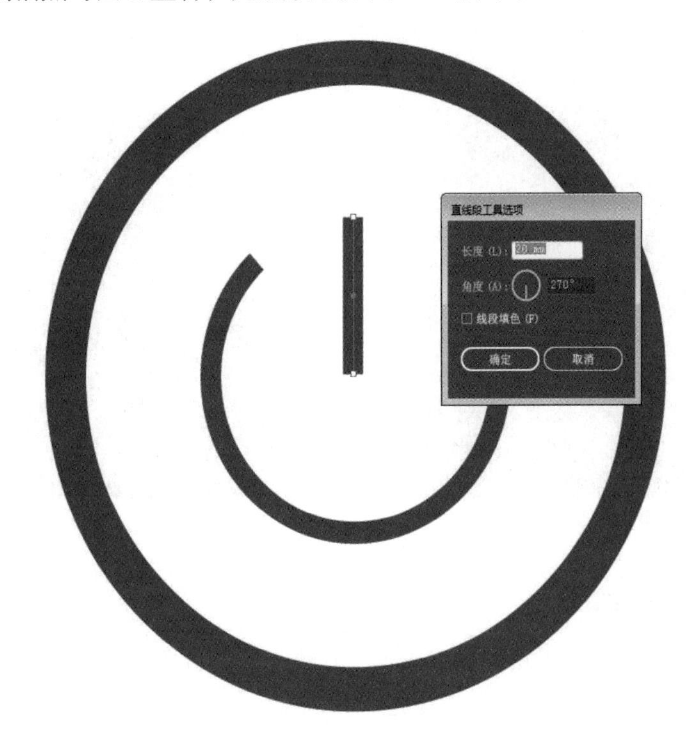

图 4-34　绘制竖线

（9）细节调整。调整线条的粗细等细节和图形间的协调性，完成线性图标的制作，效果如图 4-26 所示。

4.3　渐变样式的应用

渐变样式在 Illustrator 中的应用十分广泛，其可以使颜色的过渡较为平滑地呈现，为设计师的各种创意提供了实现的可能，不同类型的渐变样式能够展现出不同的设计风格。

4.3.1 “渐变工具”的基本操作

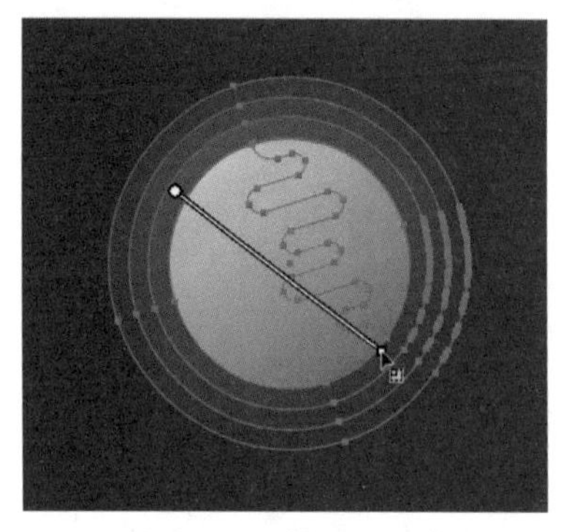

图 4-35 “渐变工具”

在 Illustrator 中，可以直接使用工具面板底部的“渐变”按钮来实现对图形的渐变填充。选择“渐变工具”，在图形中单击，即可看到渐变控制条，根据需要调整颜色或方向即可，如图 4-35 所示。另外，还可以在“色板”面板中单击需要的渐变样本，对图形进行渐变填充。

执行菜单命令“窗口” - “渐变”或使用组合键 Ctrl+F9，即可打开“渐变”面板，如图 4-36 所示。在面板中可以设置渐变的相关参数，包括类型、描边、角度，以及起始、中间、终止的颜色等。

可以根据需求拖曳“渐变”面板中的颜色滑块来对渐变颜色进行更改，单击滑块后还可以对当前滑块的不透明度进行设置。在渐变色条底边上单击可以增加一个颜色滑块，按住颜色滑块拖动至面板外侧，可以将滑块删除。双击颜色滑块还可以弹出“颜色”面板，可以在该面板中快速选取所需要的颜色，如图 4-37 所示。

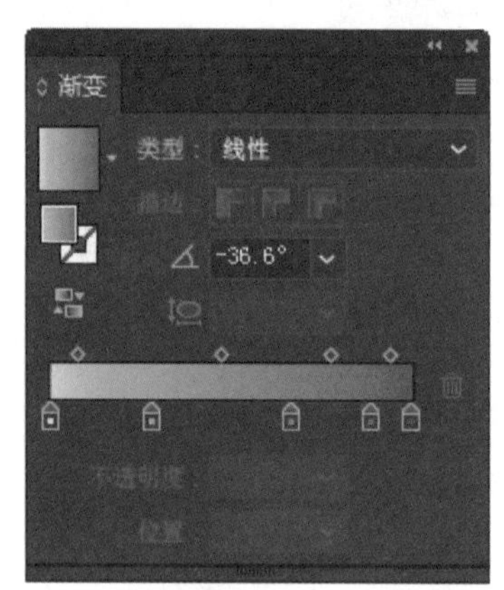

图 4-36 “渐变”面板

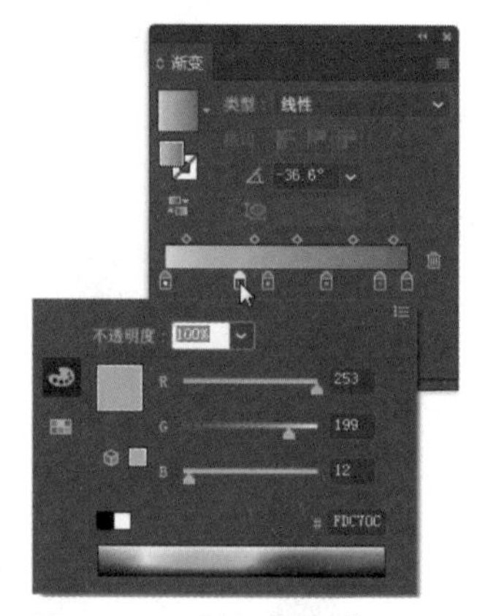

图 4-37 滑块“颜色”面板

4.3.2 渐变形式的编辑

渐变的形式包括线性渐变填充和径向渐变填充。

1. 线性渐变填充

线性渐变填充是比较常用的渐变填充方式。在“渐变”面板中，可以精确地指定线性渐变的起始和终止颜色，还可以调整渐变的方向。选中图形，使用组合键 Ctrl+F9，弹出“渐变”面板，默认状态下为白色到黑色的线性渐变样式，效果如图 4-38 所示。

在“渐变”面板中，单击色谱条下面的色块可以设置起始和终止颜色，也可以单击色谱条底边进行滑块的增加。色谱条上面的控制滑块用来改变颜色的渐变位置，在拖曳的同时，“位置”数值文本框中的数值会随之发生变化。图 4-39 所示为更改起始颜色和终止颜色，以及增加滑块后的线性渐变效果。

图 4-38　默认线性渐变效果

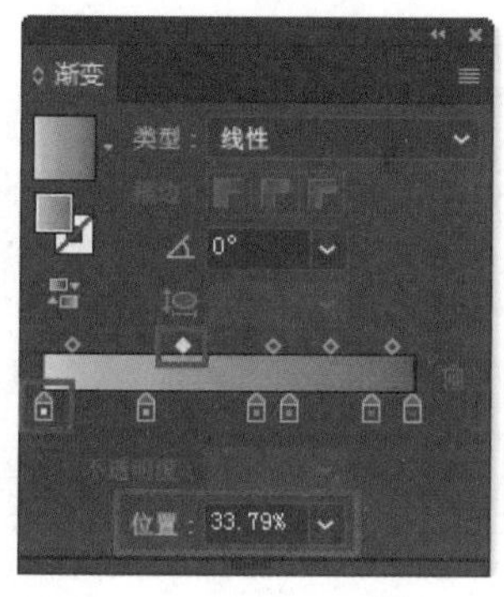

图 4-39　线性渐变效果

2. 径向渐变填充

径向渐变填充与线性渐变填充不同，它是从起始颜色开始以圆的形式向外发散，逐渐过渡到终止颜色。和线性渐变一样，其起始颜色、终止颜色，以及渐变填充中心点的位置都是可以改变的。图 4-40 所示为径向渐变填充效果。

图 4-40　径向渐变填充效果

4.3.3　渐变网格的应用

渐变网格的主要功能是用于制作图形颜色细微之处的变化，使图形的颜色易于控制。使用渐变网格可以对图形应用多个方向、多种颜色的渐变填充。

1. 使用网格工具创建渐变网格

选择需要建立渐变网格的图形对象，选取“网格工具”，在图形对象中间进行单击，即可添加由横、竖线交叉形成的网格，网格中的横、竖线为网格线，线的交叉点被称为网格点，图 4-41 所示为使用“网格工具”为圆形建立的渐变网格。

2. 使用创建渐变网格命令创建渐变网格

选中图形对象，执行菜单命令“对象”-“创建渐变网格”，即可弹出“创建渐变网格”对话框，如图 4-42 所示。在该对话框中可以设置网格的行数、列数、外观以及高光。其中，“行数”和“列数”指的是水平方向和垂直方向上网格线的数值；“外观”指的是创建渐变网格后图形高光部位的表现形式，有平淡色、至中心、至边缘 3 种形式；“高光”指高光处的强度，当数值设置为 0% 时，图形没有高光点，颜色呈均匀填充。图 4-43 所示为“行数”和“列数”为 4，“外观”为“至中心”，“高光”为 80% 的渐变网格效果。

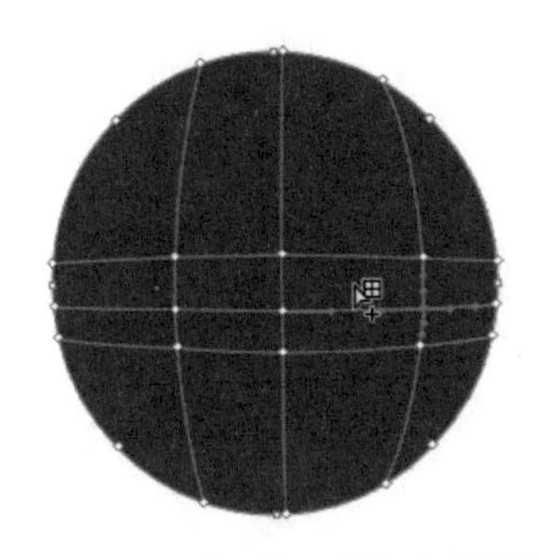

图 4-41　使用“网格工具”建立渐变网格

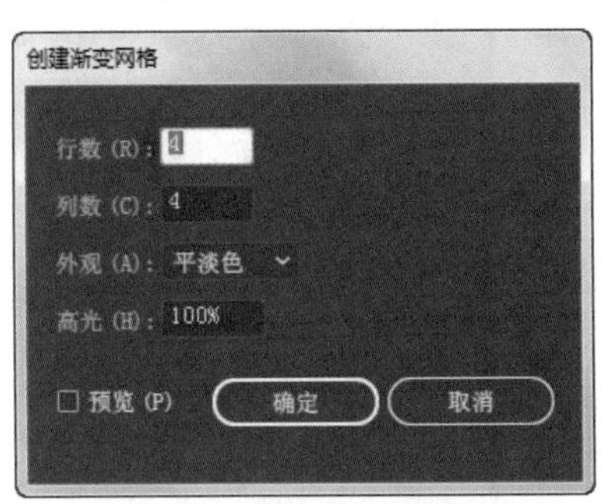

图 4-42　“创建渐变网格”对话框

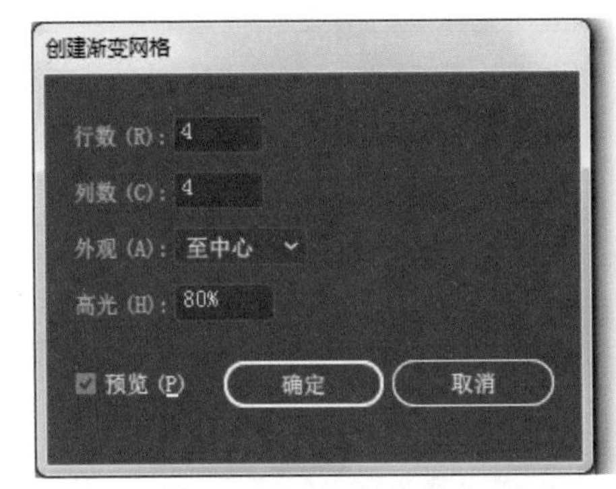

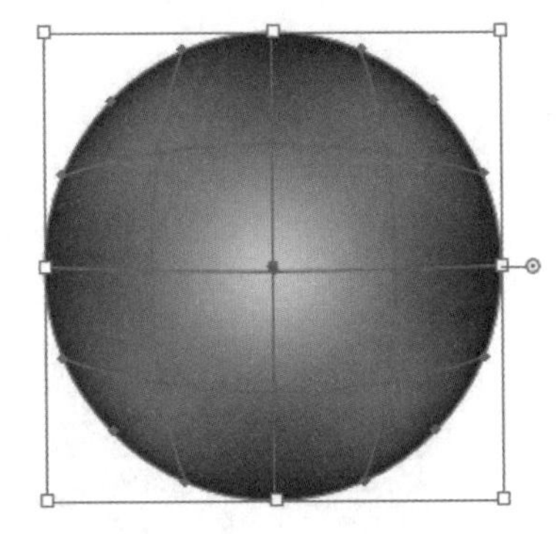

图 4-43　渐变网格效果

3. 编辑渐变网格

创建渐变网格后，可以根据需要对渐变网格进行增删网格点或设置网格颜色等相关操作。选择“网格工具”，在图形对象中单击，创建渐变网格后，直接在图形中的其他位置进行单击即可添加网格点。若要删除网格，只需要使用“直接选择工具”选中网格点，按 Delete 键即可将网格删除。

在设置网格的颜色时，使用“直接选择工具”选中网格点，在“色板”面板中单击需要的颜色色块即可为网格填充颜色。效果如图 4-44 所示。

图 4-44　设置网格颜色

4.3.4　演示案例：使用渐变工具制作插画

本案例主要使用“渐变工具”及“渐变”面板、“图像描摹”面板、“铅笔工具”等完成。最终完成效果如图 4-45 所示。

演示案例：使用渐变工具制作插画

图 4-45　最终完成效果

（1）新建文档并创建背景图。启动 Illustrator 软件，新建文档，设置尺寸为 210mm × 285mm，方向为横向，色彩模式为 CMYK。选取“矩形工具”，绘制与画板等大的背景，并参照图 4-46 所示的“渐变”面板的颜色设置完成径向渐变填充。

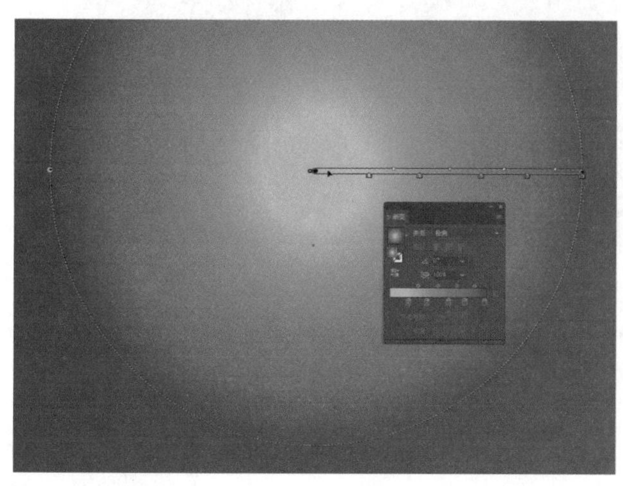

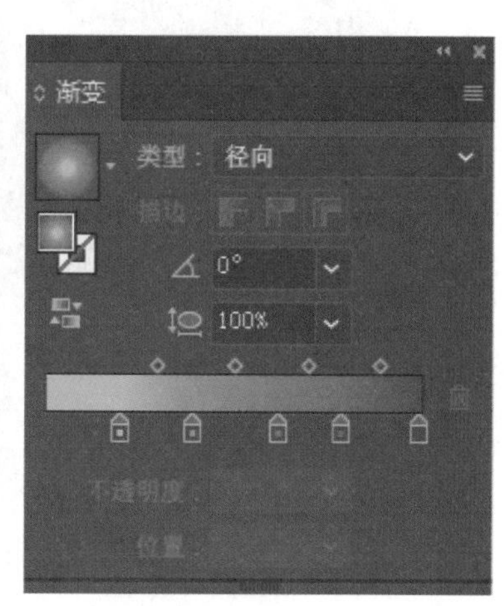

图 4-46　绘制径向渐变背景

（2）位图转矢量图。置入素材“树 .tif ”“长颈鹿 .tif ”“长颈鹿 2.tif ”，分别把 3 个位图图像转换成矢量图。使用“铅笔工具”绘制起伏的地面，并将长颈鹿素材与背景进行组合，效果如图 4-47 所示。

（3）制作草地的效果。选取“晶格化工具”，在地面图形中，按照图 4-48 箭头方向由内向外做涂抹，制作出草生长的效果，完成后移入“树”素材。

（4）绘制夕阳。使用“椭圆工具”绘制夕阳并填充颜色（C 为 5%、M 为 15%、Y 为 55%、K 为 0%），将夕阳放到画面的中心，效果如图 4-49 所示。

图 4-47　素材的置入及地面的绘制

图 4-48　制作草地的效果

图 4-49　绘制夕阳

（5）绘制山脉。选取“铅笔工具”，绘制山脉的轮廓，绘制完成后打开“渐变”面板，完成颜色由白到黑的线性渐变填充，角度为 90°，效果如图 4-50 所示。

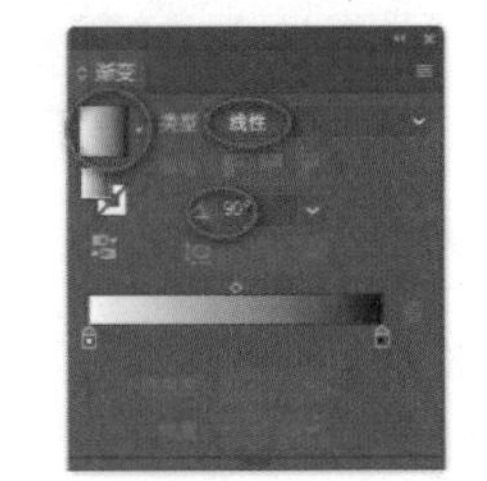

图 4-50　绘制山脉

（6）处理山脉。将山脉素材移入画面中，调整其位置。打开“透明度”面板，将山脉的“混合模式”设置为“正片叠底”，调整“不透明度”为 40%，完成效果如图 4-51 所示。

（7）丰富画面。加入另一个长颈鹿素材，调整画面各元素的位置和比例关系，完成插图的制作，效果如图 4-45 所示。

图 4-51　处理山脉

4.4 图案填充与“符号”面板的应用

在 Illustrator 中，图形的样式也可以通过图案填充和“符号”面板的相关设置来完成，以达到较为理想的图形效果。

4.4.1　图案填充

图案填充作为绘制图形的重要手段，可以使图形更加生动形象。在 Illustrator 中可以直接使用系统自带的图案进行填充，也可以根据需要自行创建图案进行填充。

1. 使用图案填充命令

执行菜单命令“窗口” – “色板库” – “图案”，在打开的菜单中可以选择自然、装饰等多种类型的图案填充图形，如图 4-52 所示。图案既可以应用到图形上，也可以应用到图形的描边上。

选择图形对象，为图形对象填充 Vonster 图案，如图 4-53 所示。

2. 创建图案填充

在 Illustrator 中，可以将基本图形定义为图案，作为图案的图形不能包含其他图案和位图。图案的创建方法为：首先绘制图案并将其填充为合适的颜色，选中图案，执行菜单命令“对象” – “图案” – “建立”，弹出“图案选项”面板，如图 4-54 所示，在面板中设置图案的名称、拼贴类型、宽度和高度等参数。

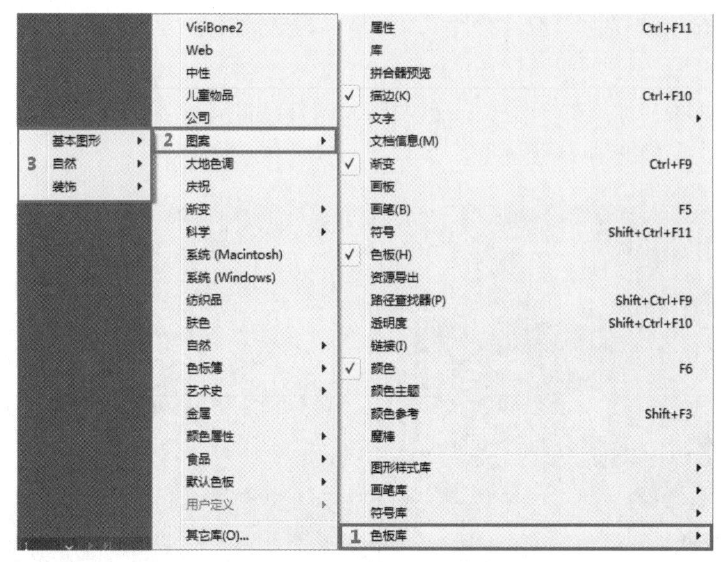

图 4-52 “图案”菜单

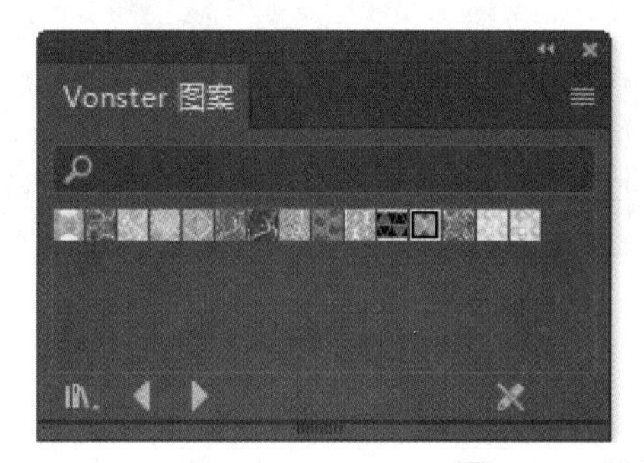

图 4-53 图案填充

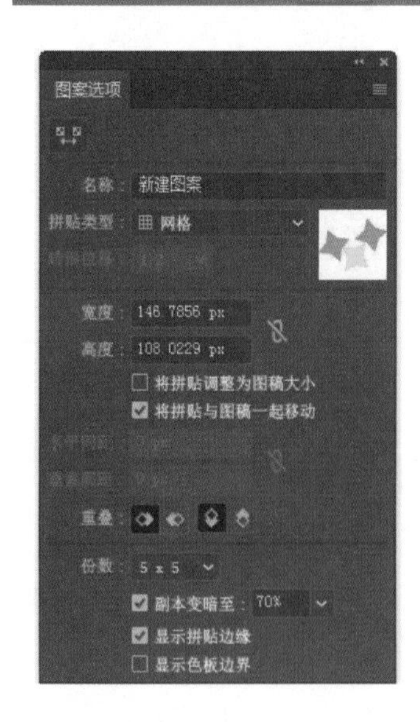

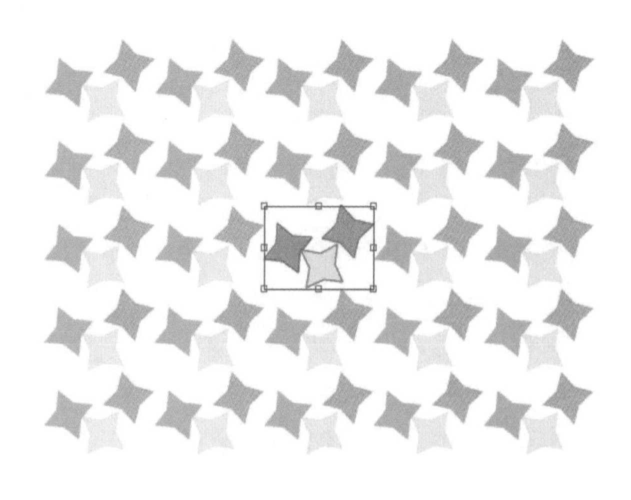

图 4-54 “图案选项”面板

完成图案创建后，自定义的图案将会出现在“色板”面板中，如图 4-55 所示。

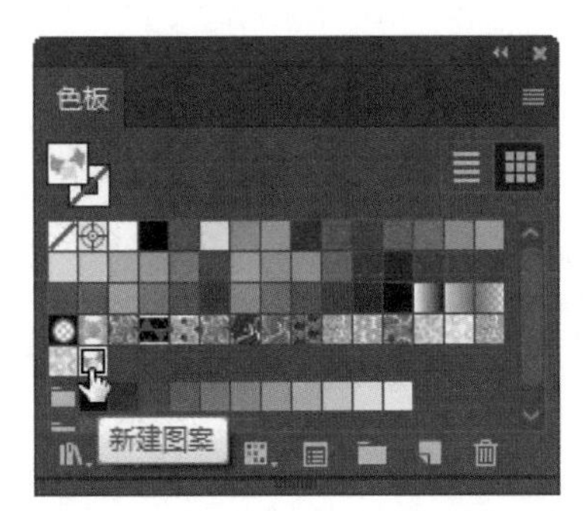

图 4-55　新建图案出现在“色板”面板中

4.4.2　“符号”面板的设置

符号是一种能存储在“符号”面板中，并且可以在同一个插图中多次重复使用的对象。在 Illustrator 中，“符号”面板用来创建、存储和编辑符号。当需要在一个插图中多次制作同样的对象，并需要对对象进行多次类似的编辑操作时，可以使用符号来完成，这样可以提高工作效率，节省工作时间。图 4-56 为“符号”面板。

在“符号”面板的下方有 6 个按钮，具体介绍如下。

（1）符号库菜单：包含多种符号库，可以根据需要选择和调用。

（2）置入符号实例：将当前选中的一个符号范例放置在页面的中心。

（3）断开符号链接：将添加到插图中的符号范例与“符号”面板断开链接。

（4）符号选项：可以打开“符号选项”对话框，如图 4-57 所示。

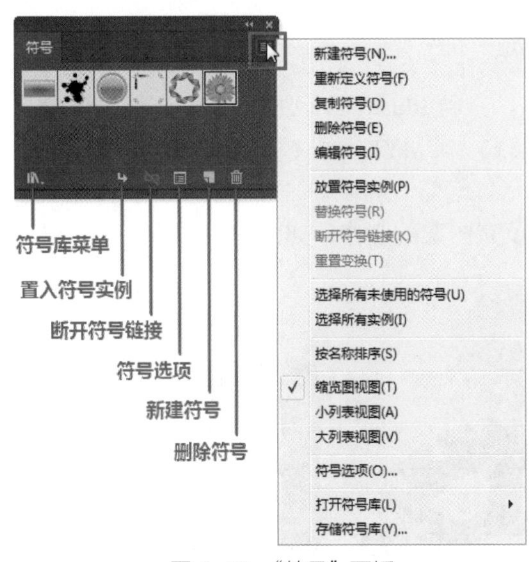

图 4-56　“符号”面板

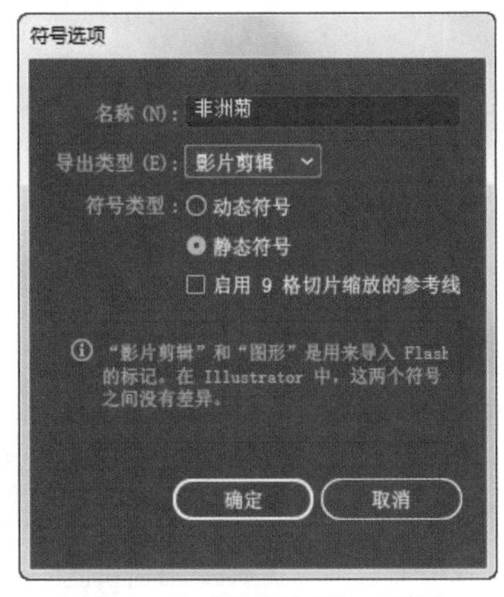

图 4-57　“符号选项”对话框

（5）新建符号：可以将选中的对象添加到“符号”面板中作为符号。

（6）删除符号：可以将选中的符号删除。

直接选中“符号”面板中的符号并将其拖曳到页面中，即可得到一个符号的范例。此外，可以使用符号工具组中的“符号喷枪工具”，如图 4-58 所示，同时创建多个符号范例，并且可以将它们作为一个符号集合，效果如图 4-59 所示。

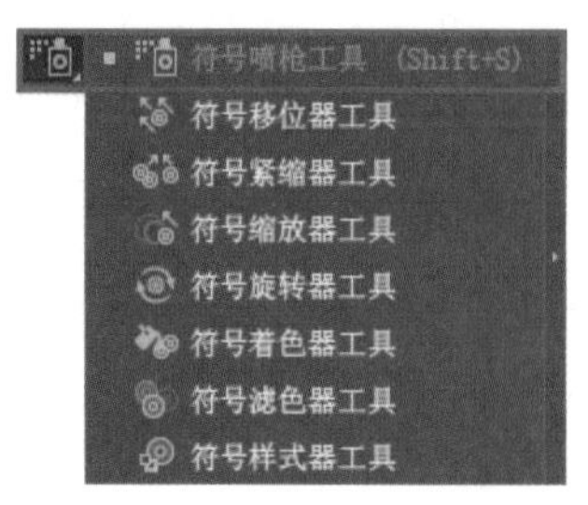

图 4-58 “符号喷枪工具”

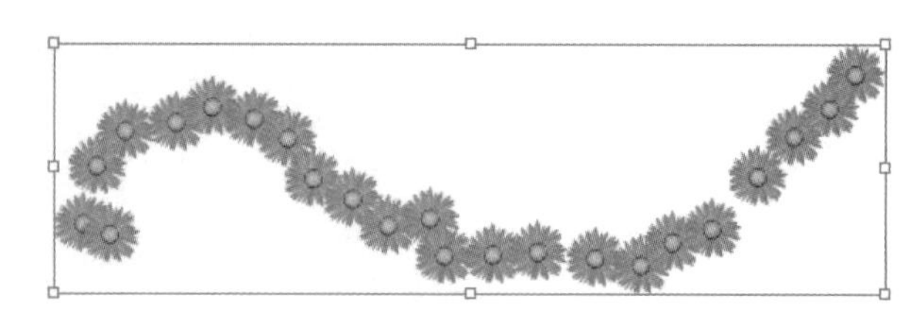

图 4-59 符号喷枪效果

4.4.3 演示案例：使用图案填充制作 T 恤

随着对 Illustrator 软件各工具的学习和使用，可以制作的图形越来越多。本案例将使用“图像描摹”“图案填充”“图案选项”等共同完成，最终完成效果如图 4-60 所示。

演示案例：使用图案填充制作 T 恤

图 4-60 最终完成效果

（1）新建文档并制作用于填充的图案。启动 Illustrator 软件，新建文档，设置尺寸为 210mm×285mm，方向为竖向，色彩模式为 CMYK。可参照本章 4.1.4 小节的案例步骤完成齿轮素材的制作，并进行颜色填充与组合，组合时尽可能紧凑。制作完成后将组合的齿轮素材拖入“色板”面板，完成填充图案的制作，如图 4-61 所示。

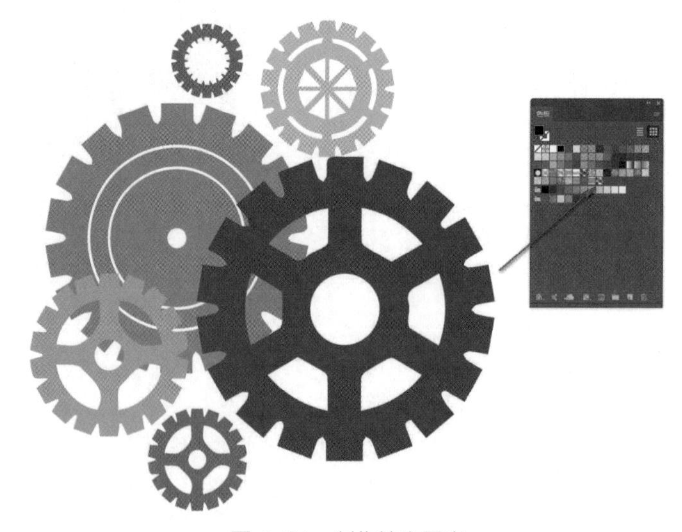

图 4-61 制作填充图案

（2）调整图案。通常制作完用于填充的图案后，图案不一定能刚好符合填充需求，主要是间距的设置可能不合适，需要进一步调整。在“色板”面板中双击刚刚创建的图案，打开“图案选项”面板，将“拼贴类型”设置为“十六进制（按列）”，并根据当前显示效果，调整水平间距、垂直间距并单独调整每一个齿轮的大小，也可以对素材的颜色进行修改，如图 4-62 所示。

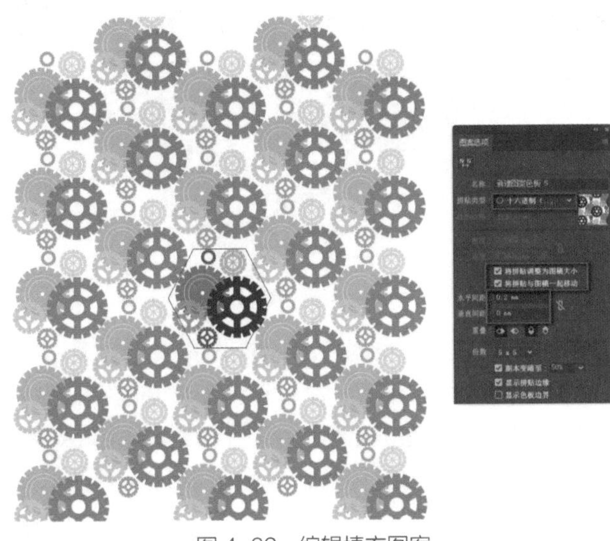

图 4-62　编辑填充图案

（3）进行图像描摹。置入素材“巴哥犬素材 .tif”并对其执行“图像描摹”操作，同时可以对“图像描摹”面板的“阈值”“路径”等参数进行微调，调整完成后，单击工具属性栏中的“扩展”按钮完成图像描摹，调整参数后的效果如图 4-63 所示。

图 4-63　图像描摹

（4）进行图案填充。选取描摹后的“巴哥犬”图形，单击“色板”面板中新创建的齿轮图案，完成填充。如果对填充图案不满意，可以通过“图案选项”面板反复调节。填充完毕后，将单独的齿轮素材散布在画面内，调整画面构图的平衡关系，如图 4-64 所示。

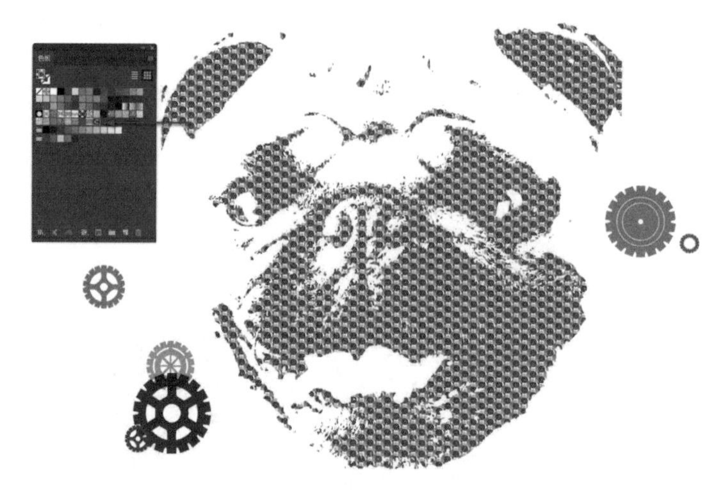

图 4-64　使用图案进行填充

（5）使用图案填充制作文字。在页面中输入喜欢的文字内容，并进行复制，一个用于制作文字底色，一个用于制作图案填充，将用于图案填充的字按照步骤（1）~ 步骤（4）进行图案的制作和图案填充。填充完毕后将文字进行堆叠，完成效果如图 4-65 所示。

（6）版式编排。完成所有素材的制作后，参照图 4-66 进行版式编排。

图 4-65　使用图案填充制作文字　　图 4-66　对素材进行版式编排

（7）制作另一组素材。在“色板”面板中选取创建的齿轮图案，将其拖曳到画面中，提取一组素材制作图 4-67 所示的效果。

图 4-67　制作另一组素材

（8）置入“空白 T 恤素材 .tif”。参照效果图进行贴图，完成 T 恤图案的制作，最终完成效果如图 4-60 所示。

课堂练习

使用“图形工具”“渐变工具”“描边工具”进行绘制，同时强化群组工具的练习，最后结合文本工具完成版式编排，完成效果如图 4-68 所示，具体制作要求如下。

（1）文档要求：画布尺寸为 210mm×285mm，色彩模式为 CMYK。

（2）绘制要求：合理使用相应的工具绘制，图形规整、规范，画面整洁。

图 4-68　Q 版刀马旦角色

本章总结

本章围绕 Illustrator 中图形样式的编辑展开讲述，针对图形样式中的颜色填充、描边样式、渐变样式、图案填充等内容做了详细的介绍与剖析。其中，在颜色填充样式的应用中，重点讲解了“填色和描边工具”以及“颜色”面板、“色板”面板的使用方法；在描边样式中着重对描边的粗细、填充和样式进行了讲解，通过案例使读者掌握其具体的使用方法；在渐变样式的应用中，除了对工具的基本操作进行介绍外，还对渐变的样式和渐变网格的应用进行了详细的讲解。最后对设计中常用到的图案填充及“符号”面板的应用进行了讲述，使读者充分掌握图形样式的各类编辑操作，以便制作出更加生动且形象的设计作品。

课后练习

综合运用本章所学的渐变填充知识，以及前文所学的“钢笔工具”“图形工具”“路径查找器”“描边工具”“对齐工具”制作立体装饰画，完成效果如图 4-69 所示。具体制作要求如下。

（1）文档要求：画布大小为 210mm × 210mm，颜色模式为 CMYK。

（2）绘制要求：运用本章所学内容并结合之前所学技能，以及美术基础的素描光影变化等相关理论，合理使用相应的工具绘制，图形规整、规范，画面整洁。

图 4-69　渐变立体装饰画

第 5 章

文本与图表的编辑

【本章目标】

- 掌握文本的创建与编辑方法，能够创建文本并对其进行编辑
- 了解文本的类型并掌握不同类型文本的输入方法
- 掌握“字符”面板中字符格式的设置方法
- 掌握“段落”面板中字符格式的设置方法
- 掌握创建文本轮廓的具体操作方法
- 掌握图表的创建与编辑方法，熟悉其相关属性及操作

【本章简介】

文字作为设计作品中的重要组成部分，不仅能够起到传达信息的作用，还能美化和丰富版面，强化主题。Illustrator 提供了强大的文本编辑和图文混排功能，无论是设计字体、特殊字形，还是排版，都能够很好地完成。本章介绍文本的操作和类型，“字符”面板与“段落”面板，以及在工作中常用到的文本轮廓，使读者能够熟练掌握文本的运用与设计技巧。另外，本章还将对 Illustrator 中图表的创建方法和编辑方法进行详细的讲解。图表可以清晰直观地反映各种统计数据的比较结果，在设计工作中的应用范围十分广泛。

5.1 文本的应用

在 Illustrator 中，文本对象和一般图形对象一样可以进行各种变换和编辑。可以对文本对象应用各种外观和样式属性，制作出绚丽多彩的文本效果。

5.1.1 文本的基本操作

使用“文字工具” T 可以快捷方便地创建出独立的文字。文字工具组如图 5-1 所示。单击工具组右边的小三角形，可以把文字工具组作为一个单独的工具栏排列在窗口中，如图 5-2 所示。文字工具栏中包含了 7 种文字工具，分别是“文字工具”“区域文字工具”“路径文字工具”“直排文字工具”“直排区域文字工具”“直排路径文字工具”“修饰文字工具”。

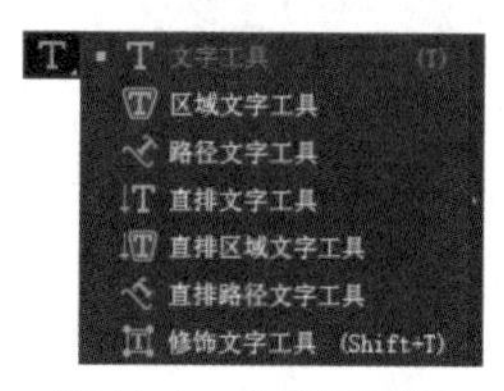

图 5-1　文字工具组

图 5-2　文字工具栏

在工具栏中选择相应的文字工具后，工具属性栏中会出现对应的属性，如图 5-3 所示。在页面中需要的位置单击即可输入文字内容，如图 5-4 所示。

图 5-3　工具属性栏

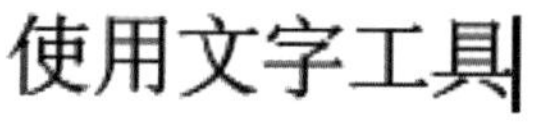

使用文字工具

图 5-4　输入文字

创建好文本对象后，可以对其进行编辑和调整。使用“选择工具”单击文本即可选中文本对象，此时便可以随意拖曳文本对象来调整其位置。如果需要修改文字，只需要双击文本内容，工具自动切换成“文本工具”，即可做相应的修改。Illustrator 中的文字编辑与 Photoshop 中的文字编辑方法类似，此处不赘述。

5.1.2 文本的类型

在 Illustrator 中，文本的类型包括点文本、区域文本和路径文本。3 种类型的文本都可以水平或垂直排列。

1. 点文本

点文本是指从单击位置开始随着字符输入而扩展的一行或一列横排或直排文本，每行文本都是独立的。在对其进行编辑时，该行会扩展或缩短。如果需要换行，需要按 Enter 键来实现。点文本适合用于输入标题等文字量较少的文本。

选择“文字工具”，在页面中单击，出现插入文本光标后，输入文本，如图 5-5（a）所示。结束文字输入后可以使用“选择工具”对文本对象进行选中，此时将会发现文字的周围会有一个选择框（也叫定界框），文本下方的细线是文字基线，效果如图 5-5（b）所示。

点文本　　点文本

（a）完成文本输入　　（b）使用“选择工具”选择点文本对象

图 5-5　点文本

2. 区域文本

区域文本也称为段落文本或文本块，它利用对象的边界来控制字符的排列。同样，区域文本也可以横排或直排，当文本到达区域的边界时，会自动换行。区域文本常被用于输入包含一个或多个段落的文本。宣传册、书籍、杂志之类的印刷品制作，使用区域文本较为方便快捷。

创建区域文本有两种不同的方式。第一种方式为使用“文本工具”创建，在选择“文本工具”的前提下，在页面中需要输入文字的位置单击并按住鼠标左键进行拖曳，可以绘制出一个文本框，释放鼠标左键，在该文本框内会出现文本输入光标 [见图 5-6（a）]，输入文字后，文字将在该区域内按照文本框的框线进行排列，效果如图 5-6（b）所示。

第二种方式可以创建任意形状的文本对象。如图 5-7（a）所示，绘制任意形状的图形对象，选择“文本工具”或“区域文本工具”，将鼠标指针移动到图形对象的边框上，鼠标指针变成形状，单击即可输入文字内容，效果如图 5-7（b）所示。

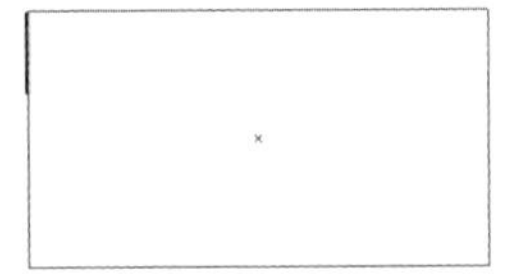

（a）设定文本框区域

区域文本区域文本区域
文本区域文本区域文本
区域文本区域文本区域
文本区域文本

（b）输入文本

图 5-6　区域文本

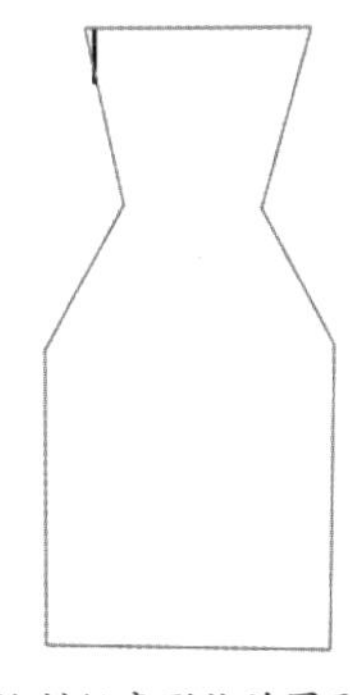

（a）绘制任意形状的图形对象

区域文本
区域文本
区域文
本区域
文本区域
文本区域文本
区域文本区域
文本区域文本
区域文本区域
文本

（b）输入文本

图 5-7　任意形状的区域文本

3. 路径文本

路径文本是指沿着开放或封闭的路径排列的文字。当水平输入文本时，字符的排列会与基线平行；当垂直输入文本时，字符的排列会与基线垂直。

使用“钢笔工具”绘制一条任意的路径，选择“路径文字工具”或“直排路径文字工具”，在绘制好的路径上单击，路径即转换为文本路径，光标将位于文本路径的左侧，如图 5-8 所示。路径文本效果和直排路径文本效果如图 5-9 所示。

图 5-8　文本路径

在实际工作中，如果对路径文本效果不太满意，可以对其进行编辑。使用“选择工具”或“直接选择工具”选择需要编辑的路径文本，此时在文本的开始处会出现一个“I”形符号，拖曳该符号，可以沿路径移动文本，按住文本中部的“I”形符号向路径相反的方向拖曳，文本会进行翻转，两种效果如图 5-10 所示。

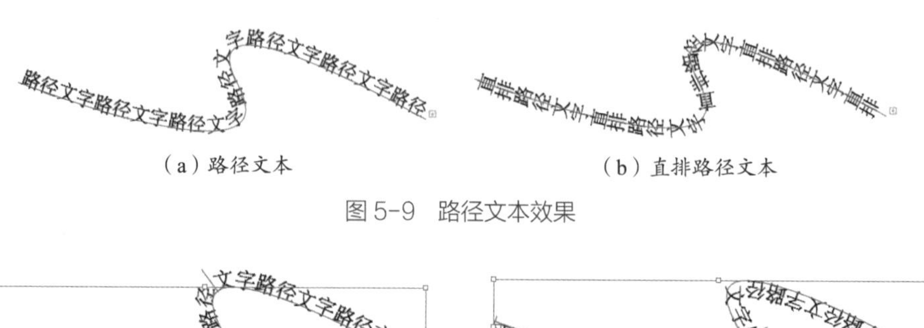

（a）路径文本　　（b）直排路径文本

图 5-9　路径文本效果

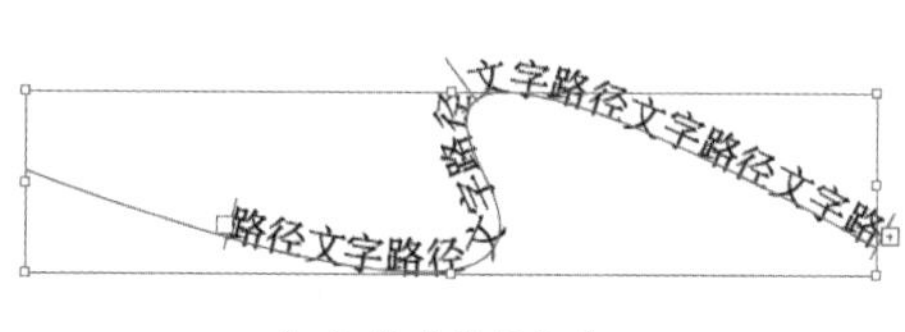

（a）移动路径文本

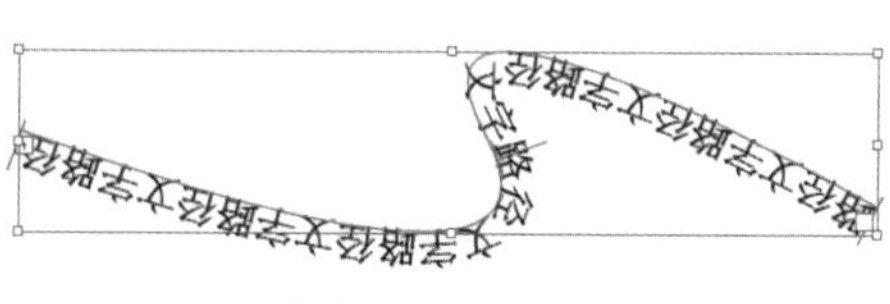

（b）翻转路径文本

图 5-10　编辑路径文本

说明

创建区域文本和路径文本时，若输入的文本内容超过了区域或路径的容纳量，文本框的右下角将会出现一个红色“+”小方块，此时调整文本区域的大小或扩展路径即可显示被隐藏的文本。

5.1.3 “字符”与“段落”面板

“字符”与“段落”面板主要用于设置字符的格式和段落的格式，在创建文本之前或之后，都可以通过“字符”和“段落”面板来设置相应的格式，下面详细讲解两个面板中的选项。

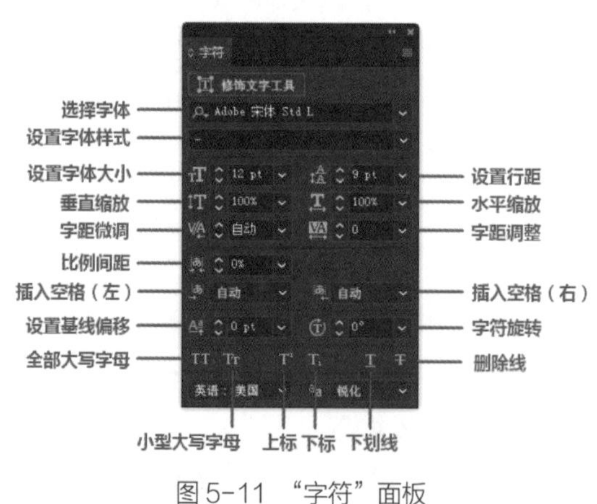

图 5-11　“字符”面板

1. “字符”面板

在“字符”面板中，可以根据需要设置字符格式。字符格式包括字体、大小、间距和行距等属性。执行菜单命令“窗口”-“文字”-“字符”或使用组合键 Ctrl+T，即可弹出“字符”面板，如图 5-11 所示。

（1）选择字体：可以单击文本框右侧的按钮，从弹出的下拉列表中选择需要的字体。

（2）设置字体样式：用于设置字体的样式，例如粗体、斜体、粗斜体等。

（3）设置字体大小：用于控制文字的大小，可以手动输入，也可以单击数值文本框左侧按钮上下逐级调整字号或单击数值文本框右侧按钮，从弹出的下拉列表中直接选择字号。

（4）垂直缩放：可以使文字尺寸横向保持不变，纵向被缩放，缩放比例小于 100%

表示文字被压扁，大于 100% 表示文字被拉长。

（5）水平缩放：可以使文字尺寸纵向大小保持不变，横向被缩放，缩放比例小于 100% 表示文字被压扁，大于 100% 表示文字被拉伸。

（6）字距微调：用于调整两个字符之间的水平间距，值为正值时，字距变大；值为负值时，字距变小。

（7）比例间距：用于调整字符与字符之间的水平间距，比例越大，间距越大。

（8）设置基线偏移：用于调节文字的上下位置。可以通过该选项为文字制作上标或下标。正值时，文字上移；负值时，文字下移。

（9）字距调整：用于调整所选字符之间的距离。

2.“段落”面板

段落格式包括段落的对齐与缩进、段落的间距等。“段落”面板提供了文本对齐、段落缩进、段落间距和制表符等设置，可以用于处理较长的文本。执行菜单命令“窗口”-“文字”-“段落”，即可弹出“段落”面板，如图 5-12 所示。

段落
文本对齐
段落缩进
0 pt
避头尾集：无
标点挤压集：无
连字

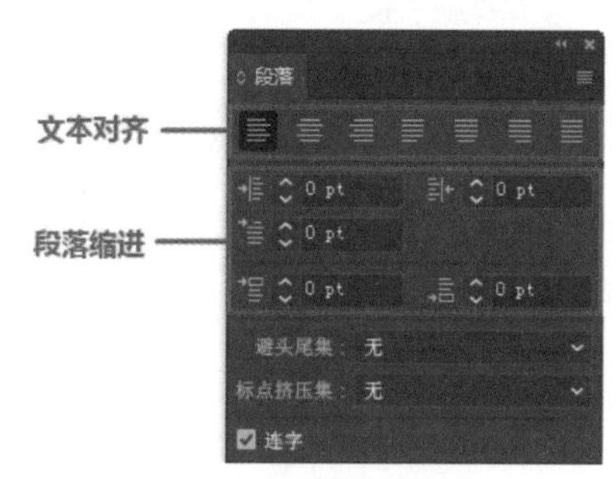

图 5-12　“段落”面板

文本对齐是指所有的文字在段落中按一定的标准有序地排列。“文本对齐”选项组中包含了 7 种对齐方式，分别是左对齐、居中对齐、右对齐、两端对齐末行左对齐、两端对齐末行居中对齐、两端对齐末行右对齐、全部两端对齐。图 5-13 所示为两端对齐末行居中对齐的效果。

段落缩进是指在一个段落文本开始时空出一定的字符位置。选定的段落文本可以是文本块、区域文本或路径文本。“段落缩进”选项组中包含了 5 种缩进方式，分别是左缩进、右缩进、首行左缩进、段前间距、段后间距。图 5-14 所示为段落内容左缩进的效果。

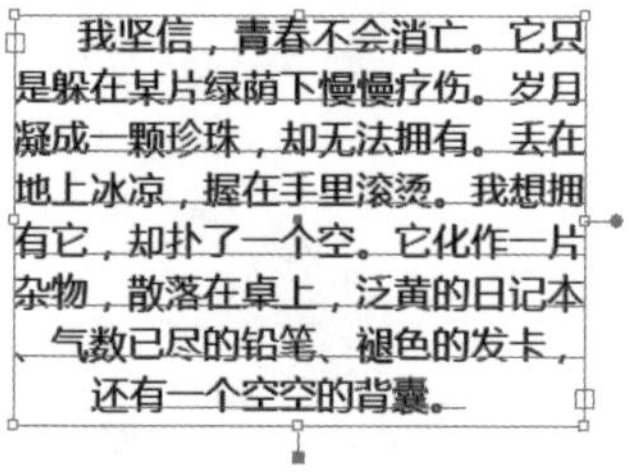

我坚信，青春不会消亡。它只是躲在某片绿荫下慢慢疗伤。岁月凝成一颗珍珠，却无法拥有。丢在地上冰凉，握在手里滚烫。我想拥有它，却扑了一个空。它化作一片杂物，散落在桌上，泛黄的日记本、气数已尽的铅笔、褪色的发卡，还有一个空空的背囊。

图 5-13　段落内容两端对齐末行居中对齐

我坚信，青春不会消亡。它只是躲在某片绿荫下慢慢疗伤。岁月凝成一颗珍珠，却无法拥有。丢在地上冰凉，握在手里滚烫。我想拥有它，却扑了一个空。它化作一片杂物，散落在桌上，泛黄的日记本、气数已尽的铅笔、褪色的发卡还，有一个空空的背囊。

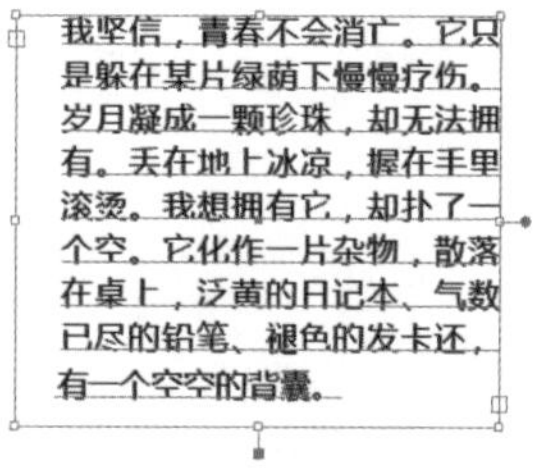

图 5-14　段落内容左缩进

5.1.4　创建文本轮廓

在实际的工作中，通常不会只局限于使用常规的字体，而且大部分字体都存在一定的版权。在 Illustrator 中，可以将文本转化为轮廓，对文本进行图形化编辑和操作。通过改变字形的这种方式，可以制作出多种样式的特殊文字效果，更可规避字体版权。

文本轮廓

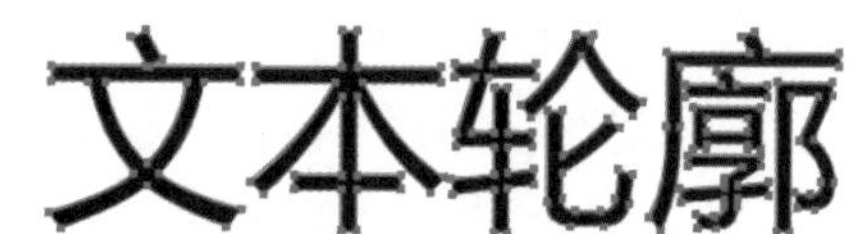

图 5-15　创建文本轮廓

选择文本，执行菜单命令“文字”-“创

建轮廓”或使用组合键 Shift+Ctrl+O，即可创建文本轮廓，效果如图 5-15 所示。将其取消编组后可分别对每一个文字进行编辑，方法和其他图形对象的编辑方法一样。设计师可以根据需求对文字进行任意的修改与创新，以制作出具有特色的文本效果。

需要注意的是，文本在转化为轮廓后，将不再具有文本的一些属性，所以在将文本转化为轮廓前需要对文本进行必要的调整。

演示案例：文字图形化设计——文字头像

5.1.5 演示案例：文字图形化设计——文字头像

Illustrator 的文字处理功能非常强大，不仅可以进行图文混排的文字编辑，还可以进行字体的设计。大多数设计是依靠图片、文字素材的编排来完成的。如果我们在设计过程中没有合适的图片素材，或者想要别出心裁地完成设计，那么只依靠文字也是可以的。都说“巧妇难为无米之炊”，有的时候设计师可能真的就是那个“无米”的“巧妇”，所以，依靠文字的变化完成一幅设计作品，也是设计师应该掌握的一项技能。

本案例将使用 Illustrator 的“文本工具”来完成。读者重在掌握文本的编辑、“描边”面板的运用。

最终完成效果如图 5-16 所示。

（1）新建文档。启动 Illustrator 软件，新建文档，画布尺寸为 210mm × 285mm，方向为竖向，色彩模式为 CMYK。

（2）对图片进行处理。置入“参考素材 .tif”，并对其执行“图像描摹”操作，效果如图 5-17 所示。

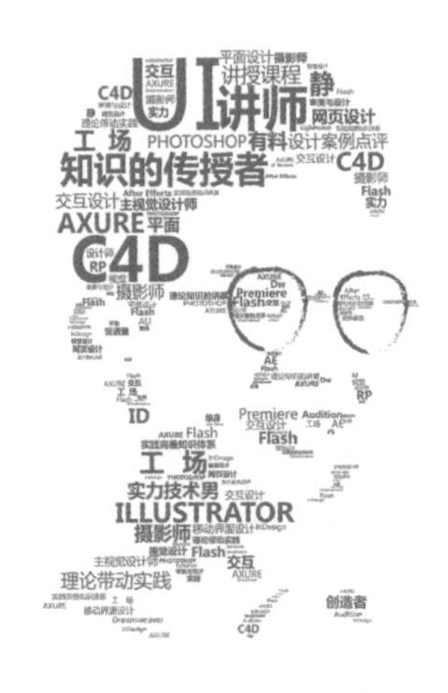

图 5-16　最终完成效果

图 5-17　图片处理

注意

该图片是一张只有 3 种明暗的灰度图，使用灰度图是为了便于分辨画面中的明暗部分。

（3）文字内容布局、设计。首先对图片进行分析，判断画面中最暗的区域和结构转折关系。搜集并列举所要出现的词语，数量尽可能多，从多个角度进行搜集，可以包括但不局限于技能、性格、爱好等。然后根据画面的明暗关系，进行文字摆放，如图 5-18 所示。

注意

在设计、摆放过程中，暗部区域的文字可以适当放大，并加粗笔画、密集排列；而亮部区域则可以适当降低文字的摆放密度及使用笔画较细的字体；同时画面中细节越多，字号就越小，以强化画面的辨识度；文字的大小和摆放的疏密变化，就相当于一个画面的分辨率，文字越大，分辨率越低，细节就越少；而文字越小，分辨率就越高，细节也会更多。

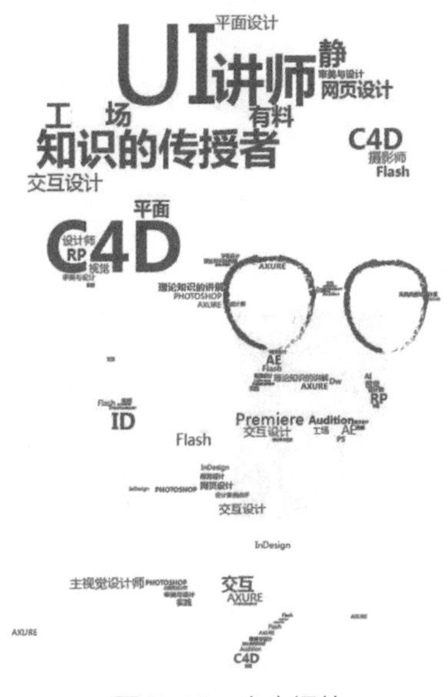

图 5-18　文字摆放

（4）调整颜色。可以自由进行色彩填充，如果使用同一色系的颜色，需要注意颜色的明度关系，保证画面的整体结构不受影响，也可以使用渐变工具进行填充，获得不一样的视觉效果，如图 5-19 所示。

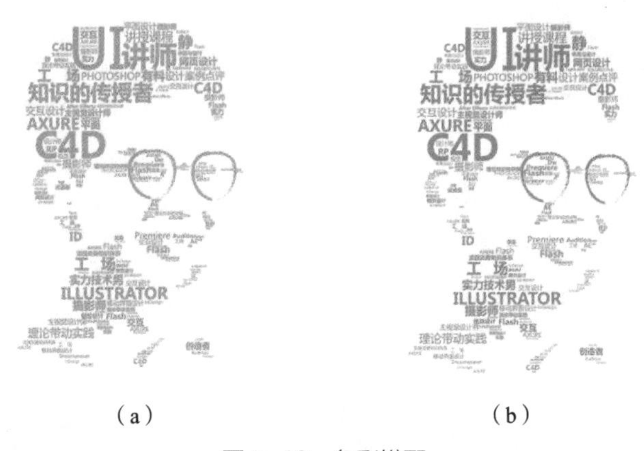

（a）　　　　（b）

图 5-19　色彩搭配

5.2　图表的应用

Illustrator 不仅具有强大的绘图功能，还具有强大的图表处理功能。在设计工作中，图表可以直观清晰地反映出数据的比较结果，让观者一目了然。Illustrator 提供了 9 种

图 5-20　图表工具组

图表工具，利用这些工具可以创建出不同类型的图表，为创作提供极大的便利。图 5-20 所示为图表工具组中的 9 种图表工具。

5.2.1　图表的创建

柱形图是较为常见的一种图表类型，在实际工作中应用较为广泛。它使用一些竖排的、高度可变的矩形柱来展示各种数据，高度和数据大小成正比。下面以柱形图为例，讲解创建图表的具体操作方法。

在图表工具组中选择“柱形图工具”，在页面中通过拖曳鼠标指针绘制出一个矩形区域来确定图表的大小或在任意位置单击，弹出“图表”对话框，在对话框中设置图表的宽度和高度，设置完成后单击“确定”按钮，即可在页面中建立图表，同时还将弹出“图表数据”对话框，如图 5-21 所示。

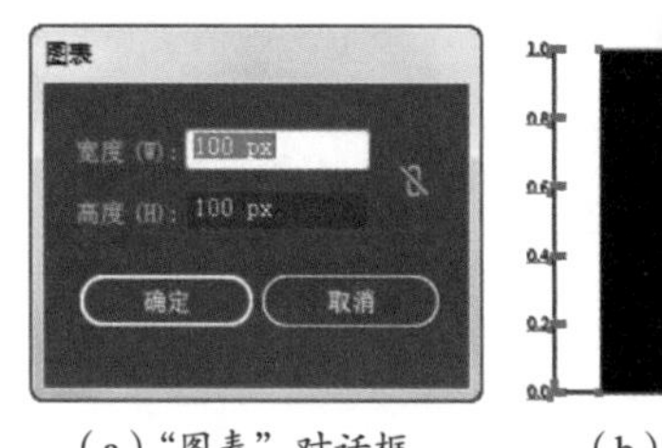

（a）“图表”对话框

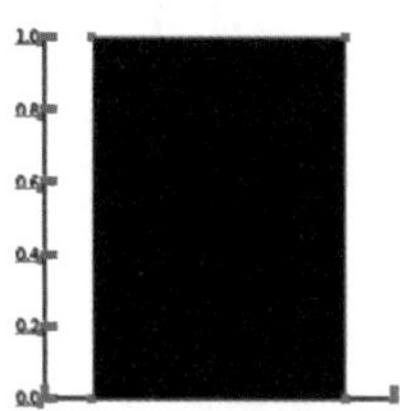

（b）柱形图

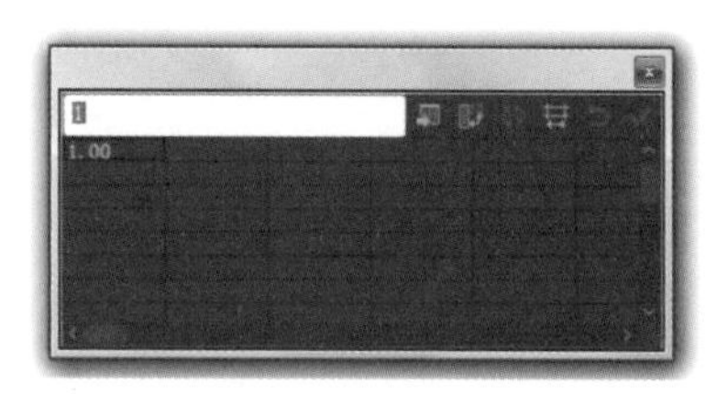

（c）“图表数据”对话框

图 5-21　创建柱形图

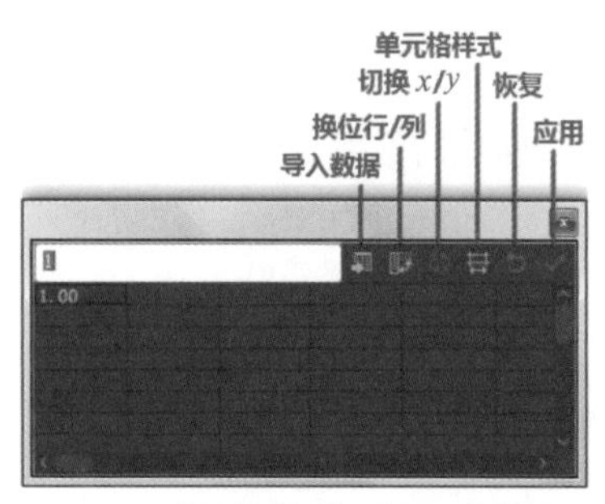

图 5-22　“图表数据”对话框中的按钮

在“图表数据”对话框左上方的文本框中可以输入文本或数值，按 Tab 键或 Enter 键确认，文本或数值将会自动添加到“图表数据”对话框的单元格中。单击可以选取各个单元格。文本框的右侧有 6 个按钮，如图 5-22 所示。

（1）导入数据：可以从外部文件导入数据信息。

（2）换位行 / 列：可将横排和竖排的数据进行置换。

（3）切换 *x*/*y*：可以调换 *x* 轴和 *y* 轴的位置。

（4）单元格样式：可以设置单元格的样式，包括小数位数和列宽。

（5）恢复：在没有单击“应用”按钮以前使文本框中的数据恢复到前一个状态。

（6）应用：可以确认输入的数值并生成图表。

图 5-23（a）所示为输入数据；图 5-23（b）所示为使用“柱形图工具”制作该数据的柱形图。读者可以自行练习创建其他类型的图表。

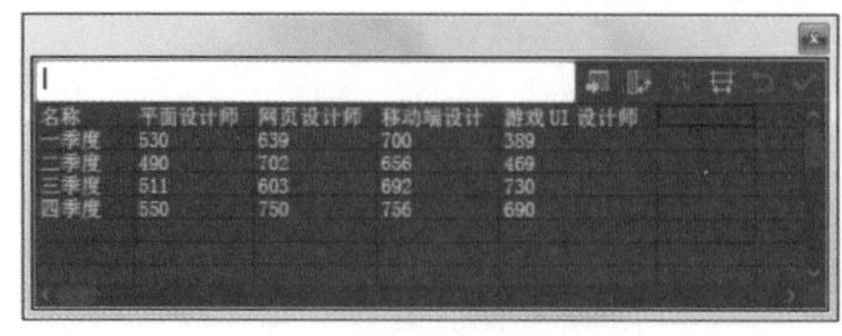

名称	平面设计师	网页设计师	移动端设计	游戏 UI 设计师
一季度	530	639	700	389
二季度	490	702	656	469
三季度	511	603	692	730
四季度	550	750	756	690

（a）输入数据

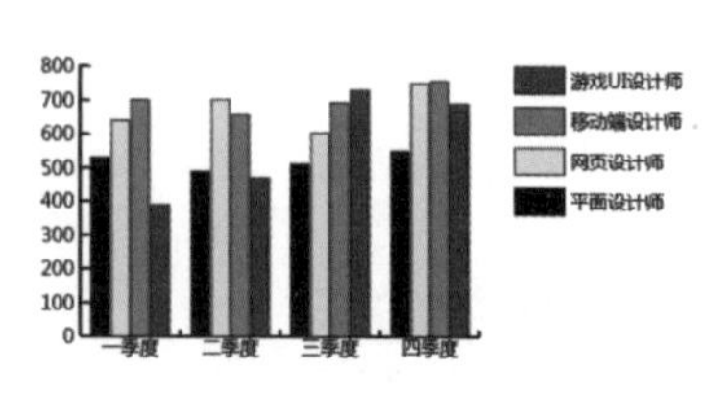

（b）生成柱形图

图 5-23　制作柱形图

5.2.2　图表的编辑

在图表创建完成后，不仅可以对图表中的数据进行更改，还可以对图表的类型、选项、坐标轴等进行更改。使用“编组选择工具”可以更改图表的颜色，增加其美观度。

使用“编组选择工具”依次选择需要变换颜色的柱形，在“颜色”面板中选择颜色即可完成填充，颜色可以是单色、渐变色或图案，效果如图 5-24 所示。

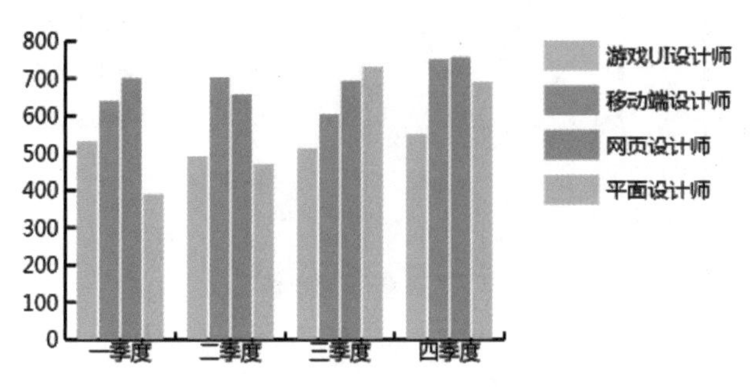

图 5-24　更改柱形图的柱形颜色

双击“图表工具”或执行菜单命令“对象”-“图表”-“类型”，可以弹出“图表类型”对话框，如图 5-25 所示。

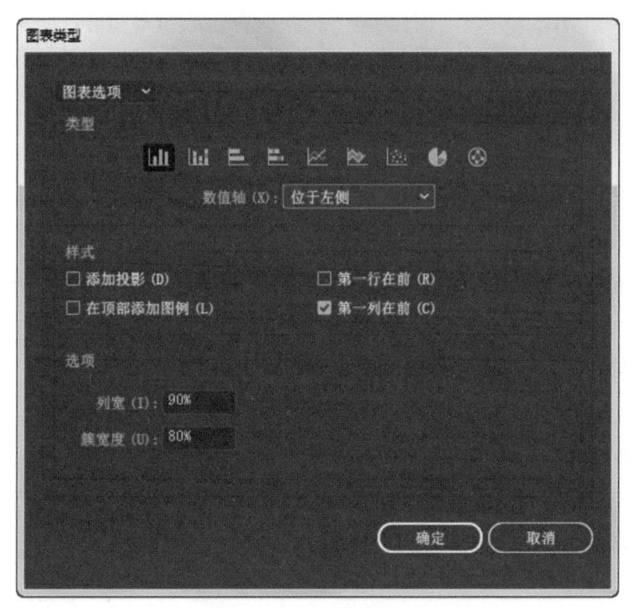

图 5-25　“图表类型”对话框

在“类型”选项组中可以选择图表的类型。“数值轴”下拉列表中包括“位于左侧”“位于右侧”和“位于两侧”3 个选项，用来表示图表中坐标轴的位置，可以根据需要来选择。需要注意的是，饼图不可使用该选项。

“样式”选项组中包含 4 个选项，勾选“添加投影”复选框，可以为图表添加阴影效果；勾选“在顶部添加图例”复选框，可以将图表中的图例说明放到图表的顶部；勾选“第一行在前”复选框，图表中的各个柱形或其他对象将会重叠覆盖行，并按照从左到右的顺序排列；勾选“第一列在前”复选框，将从左到右依次放置柱形，这是默认的放置柱形的方式。

“选项”选项组中包含“列宽”和“簇宽度”，分别用来控制图标的横栏宽度和组宽。横栏宽度是指图表中每个柱形的宽度，组宽是指所有柱形所占据的可用空间。

图 5-26 所示为柱形图添加投影后的效果。

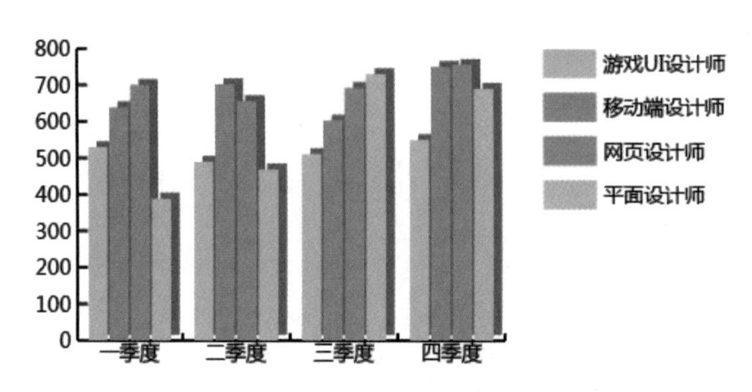

图 5-26 柱形图添加投影后的效果

演示案例：销售业绩图表设计——统计图

5.2.3 演示案例：销售业绩图表设计——统计图

设计师在设计工作中也会接触到各种统计图表的绘制，因此掌握 Illustrator 中的图表绘制功能是尤为重要的。

本案例使用 Illustrator 中的“折线图工具”进行图表的绘制。

最终完成效果如图 5-27 所示。

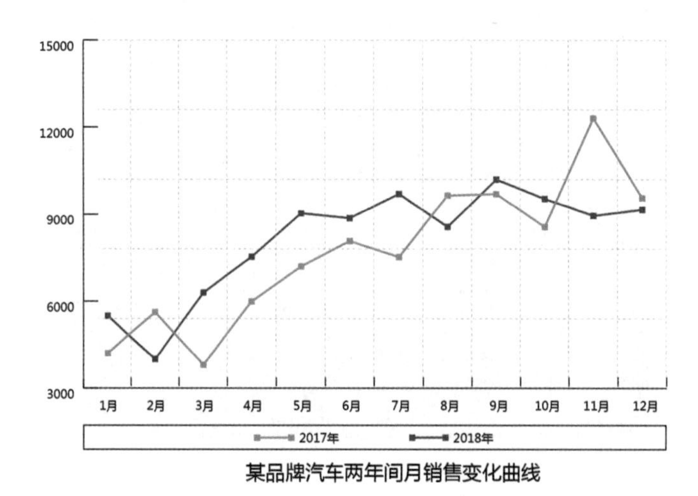

图 5-27 最终完成效果

（1）新建文档并创建图表。启动 Illustrator 软件，新建文档，设置画布尺寸为 210mm × 285mm。

（2）形成统计图初稿。置入素材“民用三厢汽车销售报表（辆）.xlsx”，如图 5-28（a）所示。分析表格的构成格式，一般情况下统计图由 3 部分组成——x 轴、y 轴和象限内容，而象限内容通常是主要表述的数据，x 轴和 y 轴是两个变量。在这里就可以把时间和数量的两个变量分别设计成 x 轴和 y 轴。选择“折线图工具”，在画面中拖曳，得到统计图初稿，如图 5-28（b）所示。

民用三厢汽车销售报表（辆）		
	2017年	2018年
一月	4211	5502
二月	5630	4001
三月	3810	6300
四月	6000	7530
五月	7203	9030
六月	8076	8860
七月	7524	9700
八月	9650	8560
九月	9700	10200
十月	8560	9530
十一月	12310	8943
十二月	9561	9154
总计	92235	97310

（a）民用三厢汽车销售报表（辆）

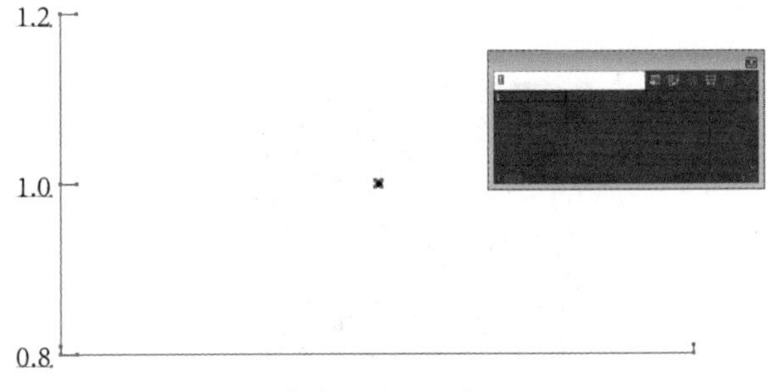

（b）统计图初稿

图 5-28　建立统计图初稿

（3）编辑数据。在“图表数据”对话框中的第一列输入“民用三厢汽车销售报表（辆）.xlsx”中的 2017 年 1~12 月数据后按 Enter 键确认，统计图中 x 轴的月份是根据“图表数据”对话框中的行数自动生成的，y 轴的销售数据根据“图表数据”对话框中所输入的数据自动生成，在第二列输入 2018 年的销售数据，效果如图 5-29 所示。

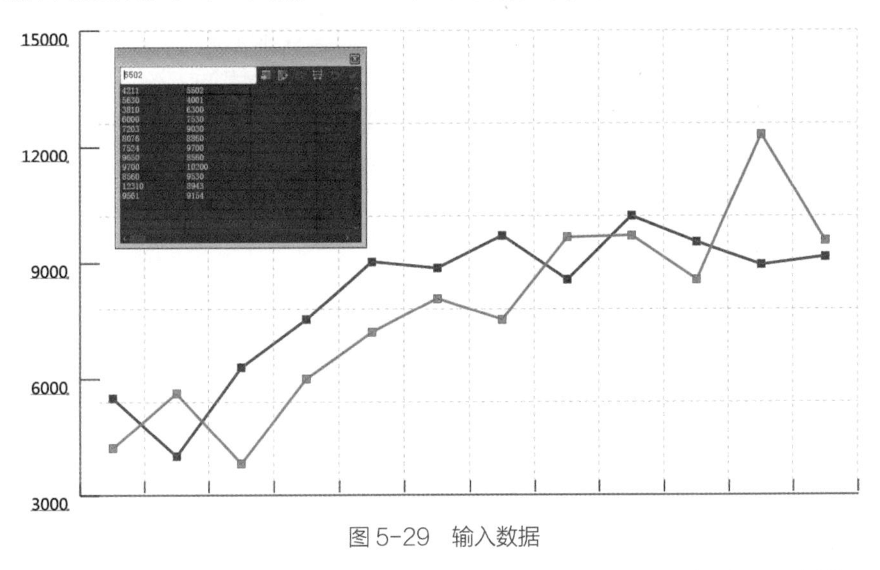

图 5-29　输入数据

（4）输入内容。手动输入 x 轴的月份和其他补充内容，完成折线图的制作，最终效果如图 5-27 所示。

使用 Illustrator 制作统计图只是设计过程中求得准确示意图的一种方法，因为得到的统计图是矢量图形，设计师可以根据得到的统计图进行后期的设计加工，使其在设计风格、配色、元素使用上更接近整体设计内容的风格，这也是使用 Illustrator 制作统计图的意义所在。

课堂练习

使用“文本工具”制作设计小品，完成效果如图 5-30 所示。具体制作要求如下。

（1）文档要求：画布尺寸为 210mm × 285mm，色彩模式为 CMYK。

（2）绘制要求：合理使用相应工具进行设计制作，内容可自行设定，小品内的文字内容错落有致，图形规整、规范，画面整洁。

（a）

（b）

图 5-30　文字编排设计小品

本章总结

本章着重讲解 Illustrator 中文字与图表的应用。文本作为设计作品重要的组成部分，拥有较高的地位。本章详细地讲解了文本的创建与编辑等基本操作，对点文本、区域文本、路径文本 3 种类型文本的创建和具体用法进行了讲解，针对文本内容的编辑重点讲解了“字符”与“段落”面板的使用。本章通过讲解创建文本轮廓使读者能够在设计字体时加入丰富的创造力与想象力，设计出富有创意且独特的作品。本章以柱形图为例，对图表的创建与编辑进行了系统的介绍，使读者能够掌握图表的制作与美化方法，能够将数据转化为清晰美观的图表进行展示。

课后练习

综合运用本章所学的文本工具的使用方法等知识，制作免单券，制作完成效果如图 5-31 所示。具体制作要求如下。

（1）文档要求：画布大小为 210mm × 90mm，颜色模式为 CMYK。

（2）绘制要求：运用本章所学内容并结合之前所学技能，合理使用相应的工具进行设计，画面规整、规范，构图合理。

图 5-31　免单券

第 6 章

图层与蒙版的应用

【本章目标】

- 了解图层的含义
- 掌握“图层”面板的使用方法并能对图层进行相应的操作
- 掌握图层的混合模式和不透明度的使用方法
- 掌握蒙版的含义和剪切蒙版的创建及相关操作方法
- 掌握不透明度蒙版的创建及相关操作方法

【本章简介】

图层是 Illustrator 中非常重要的内容，它承载着图形对象、元素和各种效果。如果没有图层，所有的对象都将处于同一个平面上，图形的编辑难度将增大，也不利于管理。蒙版用来遮盖对象，在不删除对象的前提下，使对象不可见或呈现透明效果，属于一种非破坏性的编辑。本章将重点讲解图层和蒙版，包括它们的创建方式与具体的操作方法。

掌握图层和蒙版，设计师可以在图形设计工作中提高效率，从而快速、准确地设计制作出精美的平面设计作品。

6.1 图层的应用

Illustrator 中的图层和 Photoshop 中的图层在功能和原理上基本相似，都用来管理对象（包含所有图形内容），好比一个结构清晰的文件夹。图层可以控制对象的堆叠顺序、显示模式，以及进行锁定和删除等操作。在复杂的平面设计中，使用图层可以有效地选择和管理对象，提高工作效率。

6.1.1 “图层”面板的使用

在 Illustrator 中新建一个文档的时候，会自动创建一个图层，在开始绘制后，会自动添加一个子图层。子图层包含在图层之内，在对图层进行隐藏或锁定等操作时，子图层也会同时被隐藏或锁定。每一个图层中的对象都是独立的，可单独对其进行处理而不会影响其他图层中的对象。

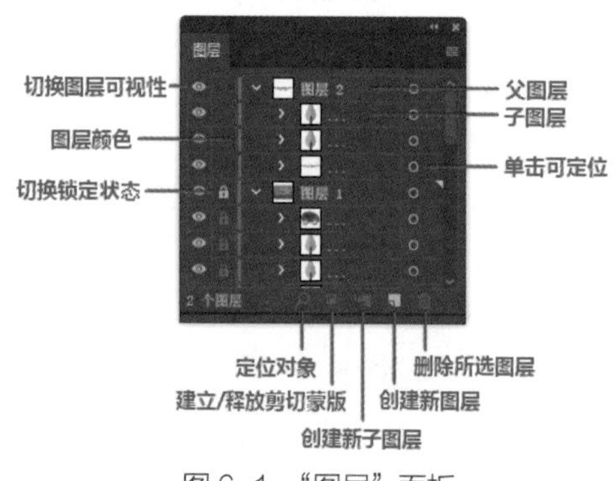

图 6-1 “图层”面板

执行菜单命令“窗口”－“图层”，可以打开“图层”面板，如图 6-1 所示。

在“图层”面板中，可以对图层进行相关的编辑操作，包括切换图层可视性、切换锁定状态、定位对象、建立 / 释放剪切蒙版、创建新图层或新子图层、删除所选图层等。

1. 新建图层

新建图层的方法有两种。

第一种：执行面板右上角下拉菜单中的“新建图层”命令，创建新图层，如图 6-2 所示，弹出“图层选项”对话框，在对话框中设置图层的名称、颜色等，如图 6-3 所示，单击“确定”按钮即可创建图层。

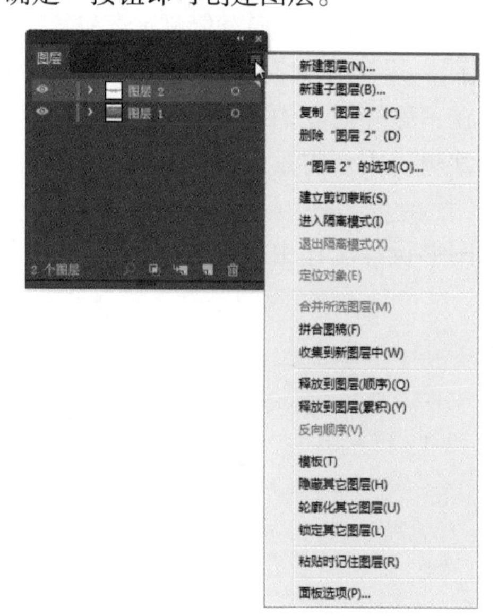

图 6-2 执行“新建图层”命令

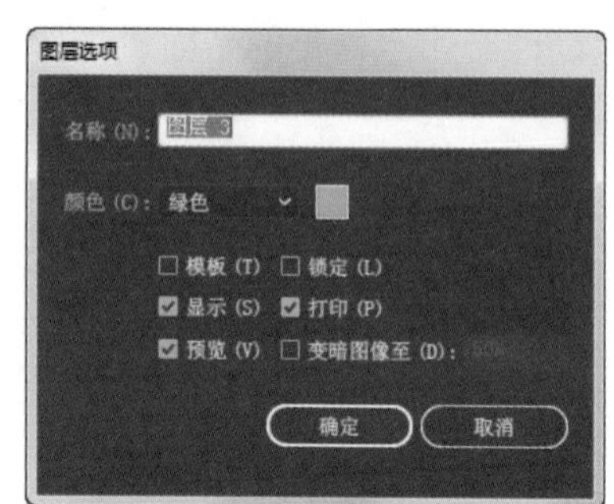

图 6-3 “图层选项”对话框

第二种：单击“图层”面板下方的“创建新图层”按钮。按 Alt 键，单击“创建新图层”按钮，可弹出“图层选项”对话框。

2. 编组、合并图层

在实际工作中，图层过多将会占用较多内存，影响计算机运行速度，所以，当确定了图形的位置和排列顺序后，就可以将一些图层进行编组或合并。

在页面中使用“选择工具”框选需要编组的图形对象，单击鼠标右键执行“编组”命令，或使用组合键 Ctrl+G 进行编组，如图 6-4 所示。在选中图形对象时，图层面板中各图层状态如图 6-5 所示。

图 6-4　编组

按 Ctrl 键，单击选中需要合并的图层，然后单击“图层”面板右上角的按钮，在展开的下拉菜单中执行“合并所选图层”命令，如图 6-6 所示，即可将选择的图层合并为一个图层。

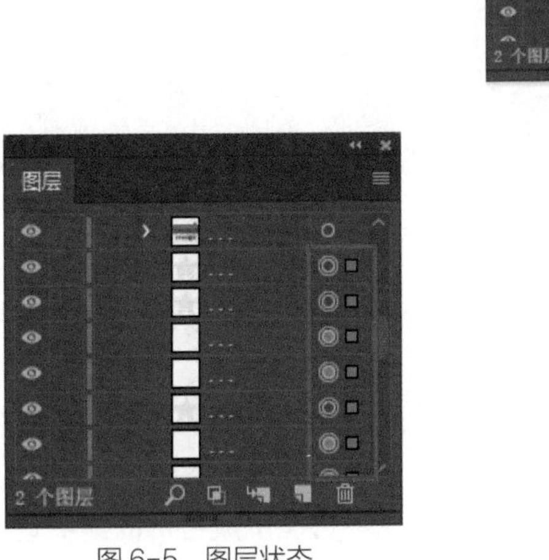

图 6-5　图层状态

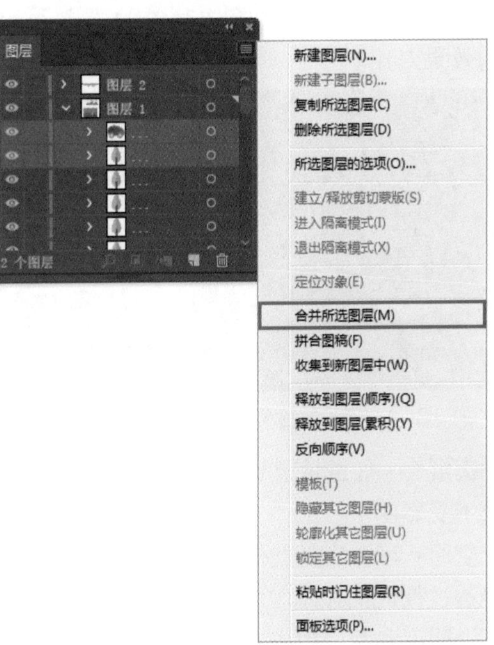

图 6-6　执行“合并所选图层”命令

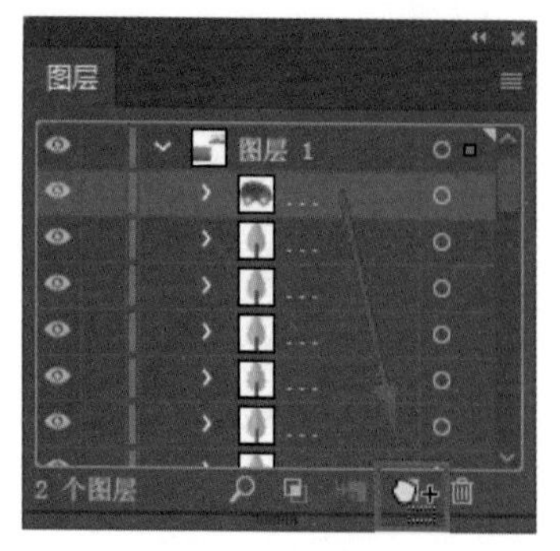

图 6-7　复制图层

3. 移动、复制图层

在“图层”面板中，将图层、编组或路径直接拖曳到新位置上，即可改变对应图形对象的顺序。也可以将对象直接拖曳到其他图层。

在“图层”面板上复制图层时，只需要单击选中图层，并将其拖曳至面板下方的“创建新图层”按钮上，如图 6-7 所示，即可得到复制的图层，复制的图层将会位于原来图层之上。

另外，若要在页面中复制图层，可以选择图层，使用组合键 Ctrl+C 和组合键 Ctrl+V 来复制粘贴图层。使用组合键 Ctrl+C 和组合键 Ctrl+F 是原位粘贴图层，复制的图层在原来图层的位置上。

6.1.2　图层的混合模式与不透明度

在 Illustrator 中，选择图形或图像后，可以在“透明度”面板中设置它的混合模式和不透明度。混合模式决定了当前对象与它下面的对象堆叠时是否混合，以及采用什么方式混合。不透明度决定了对象的透明程度。通过图层混合模式与不透明度的调整，可以得到自然的画面效果，使设计作品的效果更为理想。

1. “透明度”面板

“透明度”面板用来设置对象的不透明度和混合模式。执行菜单命令“窗口”－“透明度”或使用组合键 Shift+Ctrl+F10，即可打开“透明度”面板，如图 6-8 所示。在“透明度”面板中，可以设置图层之间的混合模式、不透明度等属性。

混合模式：单击“正常”右侧的向下箭头，可以在下拉列表中选择混合模式。

不透明度：用来设置所选对象的不透明程度。图 6-9 所示为不透明度为 100% 和 50% 的效果对比。

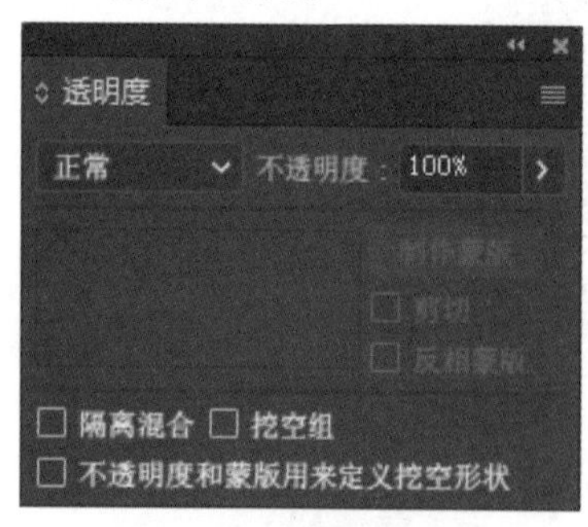

图 6-8　“透明度”面板

（a）不透明度为 100%

（b）不透明度为 50%

图 6-9　不同不透明度效果对比

隔离混合：勾选该复选框，可以将混合模式与已定位的图层或组进行隔离，使下方的对象不受影响。

挖空组：勾选该复选框后，可以保证编组对象中单独的对象或图层在相互重叠的地方不能透过彼此而显示。

不透明度和蒙版用来定义挖空形状：用来创建与对象不透明度成比例的挖空效果。在具有较高不透明度的蒙版区域中，挖空效果较强；在具有较低不透明度的蒙版区域中，挖空效果较弱。

2. 混合模式

“透明度”面板，提供了 16 种混合模式，分别是正常、变暗、正片叠底、颜色加深、变亮、滤色、颜色减淡、叠加、柔光、强光、差值、排除、色相、饱和度、混色和明度，如图 6-10 所示。

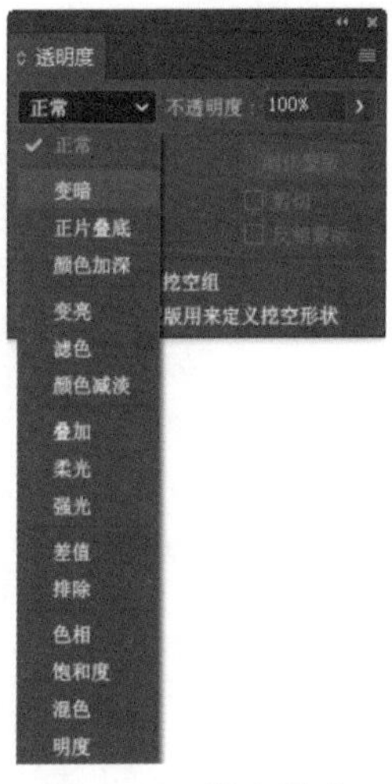

图 6-10　混合模式

Illustrator 中的图层混合模式和 Photoshop 中的混合模式类似，都用于实现图层与图层之间的相互堆叠。图层之间相互混合时，图层与其下方的图层进行对比，以获得新的视觉效果。图 6-11 所示为 16 种混合模式的效果，可以根据设计需求选择合适的混合模式，以达到理想的设计效果。

（a）正常

（b）变暗

（c）正片叠底

（d）颜色加深

（e）变亮

（f）滤色

（g）颜色减淡

（h）叠加

（i）柔光

（j）强光

图 6-11　图层混合模式效果

（k）差值　（l）排除　（m）色相

（n）饱和度　（o）混色　（p）明度

图 6-11　图层混合模式效果（续）

在图层混合模式中，选定的对象、组或者图层是原始色彩的被称为混合色图层，与混合色图层进行对比重新定义图层图像效果的图层被称为基色图层，混合后所呈现的颜色称为结果色。常用到的混合模式效果有正片叠底、滤色、叠加、柔光。

正片叠底混合模式是将基色与混合色相乘，得到的颜色会比基色和混合色都要暗一些。将任何颜色与黑色相乘都会产生黑色，与白色相乘将不发生改变。图 6-12 所示为对两个图层使用正片叠底混合模式的效果。

（a）混合色图层

（b）基色图层

（c）混合效果

图 6-12　正片叠底混合模式效果

滤色混合模式是将混合色的反相颜色与基色相乘，得到的颜色比基色和混合色要亮一些。用黑色滤色时颜色保持不变，用白色滤色时将产生白色。图 6-13 所示为滤色混合模式效果。

叠加混合模式是对颜色进行相乘或滤色，具体取决于基色。将图案或颜色叠加在现有的图稿上，在与混合色混合以反映原始颜色的亮度和暗度的同时，保留基色的高光和阴影。图 6-14 所示为叠加混合模式效果。

柔光混合模式可以使颜色变暗或变亮，具体取决于混合色。使用纯黑或纯白会产生明显的变暗或变亮区域，但不会出现纯黑或纯白。图 6-15 所示为柔光混合模式效果。

图 6-13　滤色混合模式效果

图 6-14　叠加混合模式效果

图 6-15　柔光混合模式效果

6.1.3　演示案例：艺术字标题制作

演示案例：艺术字标题制作

本案例通过调整混合模式和不透明度来绘制，同时使读者熟悉“变换工具”“色板”面板、“渐变”面板的使用。

最终完成效果如图 6-16 所示。

（1）创建文字。输入文字内容，并创建轮廓，如图 6-17 所示。

图 6-16　最终完成效果

图 6-17　输入文字并创建轮廓

（2）编排文字。将轮廓化后的文字解散群组，并根据设计构思进行版式编排，在编排过程中要注意各文字间的位置调整与整体结构的变化，效果如图 6-18 所示。

（3）填充图案。文字编排完以后，打开“色板”面板，选取系统预设的“植物”图案进行填充，效果如图 6-19 所示。

图 6-18　编排文字

图 6-19　填充图案

（4）制作底层图形。在完成图案填充以后，将图形全部选取并复制到剪贴板。为了后续能够进行“原位粘贴”，在复制后不要对图形做移动、变换等操作。对画面中的图形进行渐变填充，填充后将其编组，效果如图 6-20 所示。

图 6-20　制作底层图形

（5）对图形使用叠加混合模式。使用组合键 Ctrl+Shift+V，完成“原位粘贴”，并打开“透明度”面板，在“混合模式”下拉列表中选择“滤色”选项，为刚贴入的元素使用叠加混合模式，效果如图 6-21 所示。

图 6-21　叠加混合模式

（6）制作投影。此时剪贴板中的内容将被再次使用，使用组合键 Ctrl+Shift+V，完成“原位粘贴”，然后使用组合键 Ctrl+G 编组，编组是为了能够更方便地对刚贴入的元素进行编辑和管理。双击编组后的内容进入“隔离”状态，选择 M 图形，使用“自由变换工具”对图形进行倾斜调整，并为其填充黑色到白色的渐变，效果如图 6-22 所示。

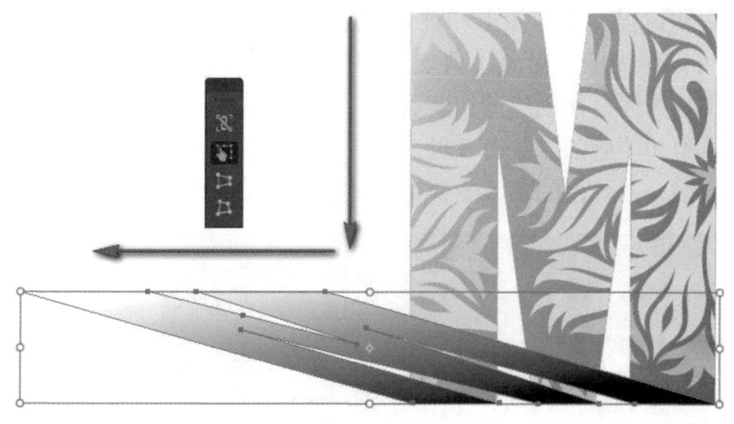

图 6-22　制作投影

（7）完成投影制作。制作投影时，要充分运用美术基础知识中光影素描的相关内容来调整明度的变化。投影全部制作完成后，双击页面空白区域退出“隔离”状态，选取投影图形组，使用组合键 Ctrl+Shift+[将其置于最底层，完成效果如图 6-23 所示。

图 6-23　完成投影制作

（8）完成制作。细化调整画面中图形和投影的位置，为画面中其他的元素制作渐变填充效果，最终完成效果如图 6-16 所示。

6.2　蒙版的应用

蒙版用于遮盖对象，但不会删除对象。在设计工作中经常会用到蒙版。在 Illustrator 中，可以创建两种蒙版，即剪切蒙版和不透明度蒙版。剪切蒙版可以通过一个图形来控制其他对象的显示单位。不透明度蒙版可以改变对象的不透明度，使对象产生透明效果。创建合成效果时经常会用到不透明度蒙版。

6.2.1　剪切蒙版的创建

剪切蒙版常用来控制对象的显示区域，位于图形范围内的对象可见，位于图形范围外的对象会被蒙版遮盖。蒙版图形和被蒙版遮盖的对象称为剪切组合，需要注意的是，只有矢量对象可以作为蒙版对象（剪切路径），而任何对象都可以作为被遮盖的对象。无论蒙版对象属性如何，在创建剪切蒙版后，都会变成一个无填色和描边的对象。

常用的创建剪切蒙版的方法有 3 种。第一种方法是使用“选择工具”选中图层对象后，单击鼠标右键，在弹出的菜单中执行“建立剪切蒙版”命令，如图 6-24 所示。

图 6-24　使用右键快捷菜单创建剪切蒙版

第二种方法是单击“图层”面板下方的“剪切”按钮或在右上角下拉菜单中执行“建立剪切蒙版”命令进行创建，如图 6-25 所示。

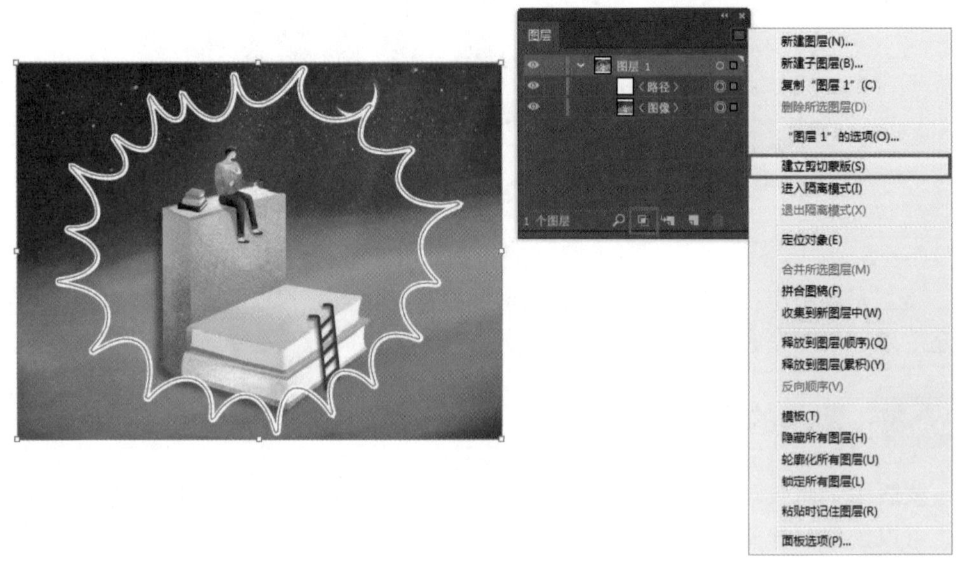

图 6-25　使用“图层”面板创建剪切蒙版

第三种方法是使用菜单命令来创建剪切蒙版。在选中对象后，执行菜单命令“对象”-“剪切蒙版”-“建立”，如图 6-26 所示。创建剪切蒙版的效果如图 6-27 所示。

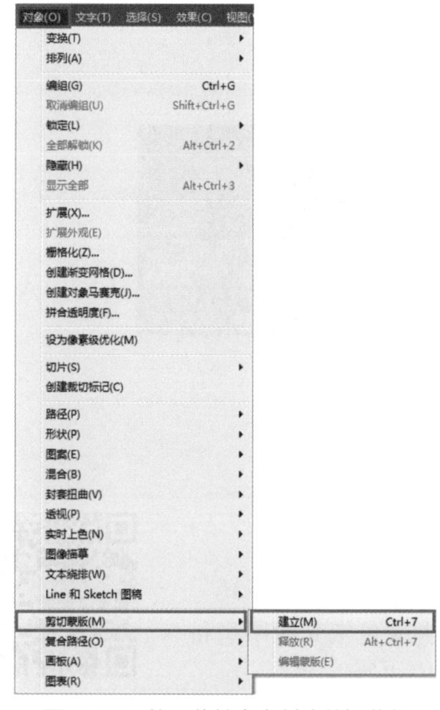

图 6-26　使用菜单命令创建剪切蒙版

图 6-27　剪切蒙版效果

若需要释放剪切蒙版，则可以按照创建蒙版的方法来进行释放。在蒙版创建完成后，相对应的命令将变为释放剪切蒙版的命令。

6.2.2　不透明度蒙版的创建

在创建不透明度蒙版前，需要确认蒙版对象位于被遮盖的对象之上。在 Illustrator 中，任何着色对象或栅格图像都可作为蒙版对象。如果蒙版对象是彩色的，则 Illustrator 会使用颜色的等效灰度来表示蒙版中的不透明度。蒙版对象中的白色区域会完全显示下面的对象，黑色区域会完全遮盖下面的对象，灰色区域则会使对象呈现不同程度的透明效果。

不透明度蒙版可以通过“透明度”面板来创建，选择图层，在“透明度”面板中，可以看到“制作蒙版”按钮，如图 6-28 所示。

图 6-28　“透明度”面板

图 6-29 所示为不透明度蒙版的效果。“透明度”面板中有两个缩览图，左侧是被蒙版遮盖的图稿的缩览图，右侧是蒙版对象的缩览图。默认情况下，图稿的缩览图周围会有一个蓝色的框线，这表示图稿处于可编辑状态，可以对图稿进行修改颜色或描边等操作。同样，单击右侧缩览图可对蒙版对象进行编辑，如修改其形状、颜色或位置。

如果需要释放不透明度蒙版，需要选择对象，在“透明度”面板中单击“释放”按钮，对象将恢复到蒙版前的状态。

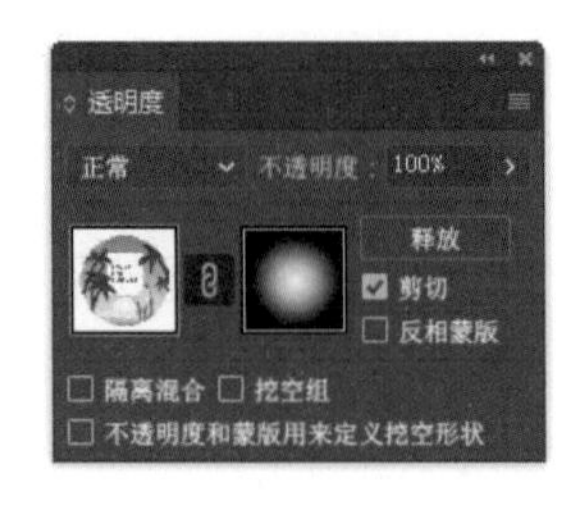

图 6-29　不透明度蒙版的效果

6.2.3　演示案例：长投影风格图标的绘制——灯泡

演示案例：长投影风格图标的绘制——灯泡

本案例将使用 Illustrator 的“路径查找器”面板、“钢笔工具”、矩形工具组、混合模式等来完成。读者重在掌握颜色填充的用法和“色彩”面板的设置，并加强对渐变工具、混合模式的应用。

最终完成效果如图 6-30 所示。

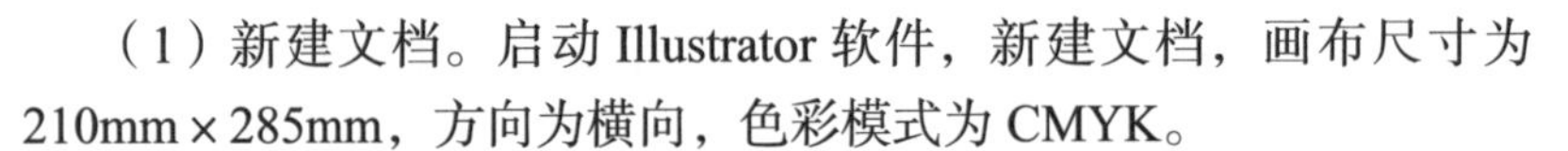

（1）新建文档。启动 Illustrator 软件，新建文档，画布尺寸为 210mm × 285mm，方向为横向，色彩模式为 CMYK。

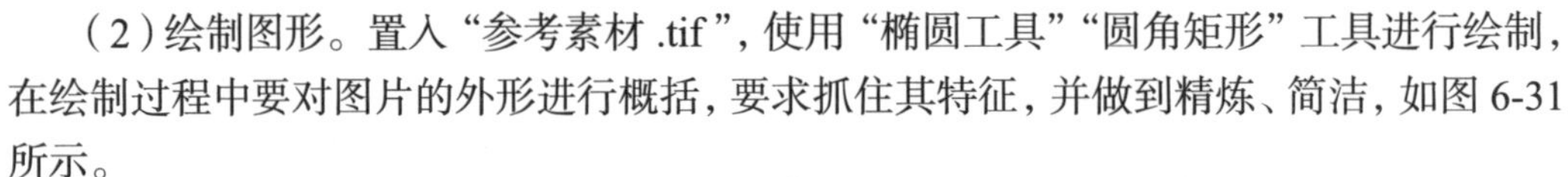

（2）绘制图形。置入“参考素材 .tif”，使用“椭圆工具”“圆角矩形”工具进行绘制，在绘制过程中要对图片的外形进行概括，要求抓住其特征，并做到精炼、简洁，如图 6-31 所示。

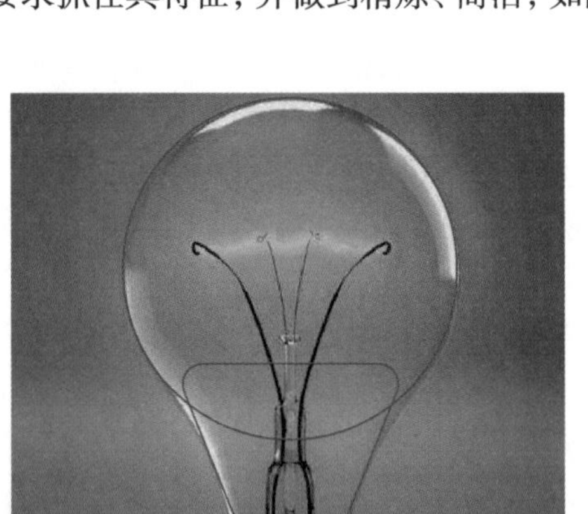

图 6-30　最终完成效果

图 6-31　绘制图形

（3）完善图形。利用“路径查找器”面板中的“形状模式”选项组对图形进行整合与细化。选中圆形和梯形 [见图 6-32（a）]，进行“建立联集”操作完成两个图形的合并，效果如图 6-32（b）所示。

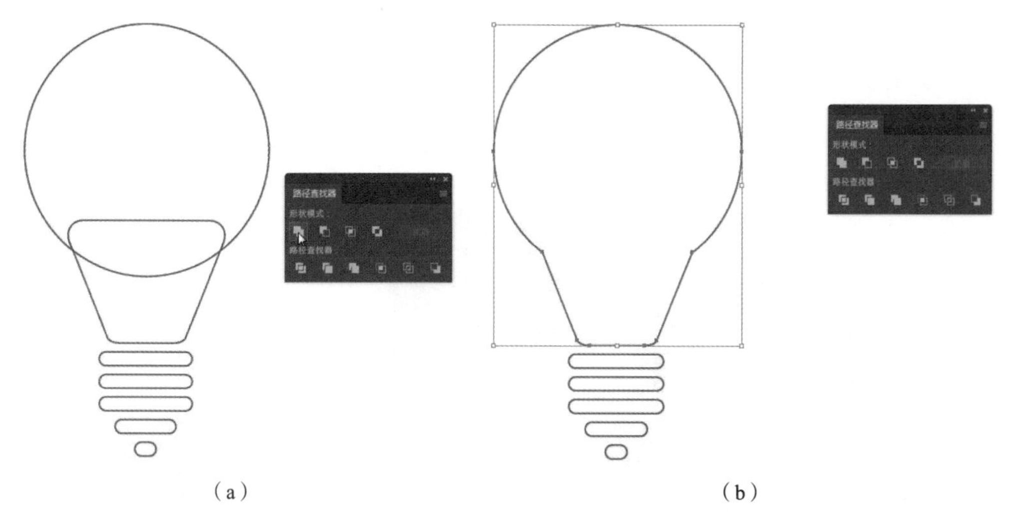

（a）　　（b）

图 6-32　完善图形

（4）利用“自由圆点”调整路径的平滑度。使用“直接选择工具”选取路径上的锚点，对出现的“自由圆点”进行拖曳，达到调整路径平滑度的目的。具体操作方法如下：选取右侧“自由圆点”后，向左下方拖曳，数值为 50mm 时 [见图 6-33（a）] 即可停止，用同样的方法向右下方拖曳右侧的“自由圆点”，完成平滑度调整，如图 6-33（b）所示。

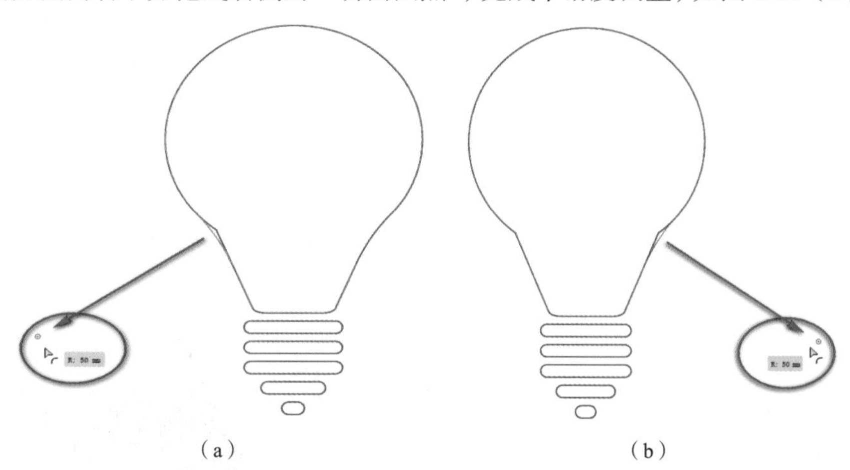

（a）　　（b）

图 6-33　调整平滑度

（5）填充颜色。选取图形，打开“颜色”面板，确认“填色”模式，无描边，编辑想要的色彩后图形即被填充颜色。使用“钢笔工具”绘制闪电图形，填充白色，无描边，如图 6-34 所示。

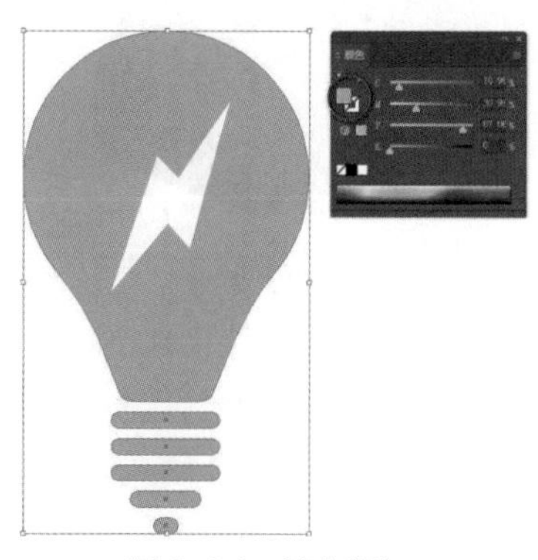

图 6-34　填充颜色

（6）绘制圆角矩形背景。绘制圆角矩形时，可以在拖曳过程中通过按键盘的上、下键调整圆角半径的大小，在拖曳过程中按 Shift 键可实现正方形的绘制。绘制完成后，调整层叠顺序，将圆角矩形旋转 45°，与灯泡图形一同选择，在“对齐”面板中进行“垂直居中对齐”“水平居中对齐”操作，完成效果如图 6-35 所示。

（7）使用“钢笔工具”绘制阴影。在绘制阴影的时候，把握同一个光源的原则，分析可以出现阴影的图形结构，确保阴影的合理性，绘制完成后，将阴影置于灯泡下方，如图 6-36 所示。

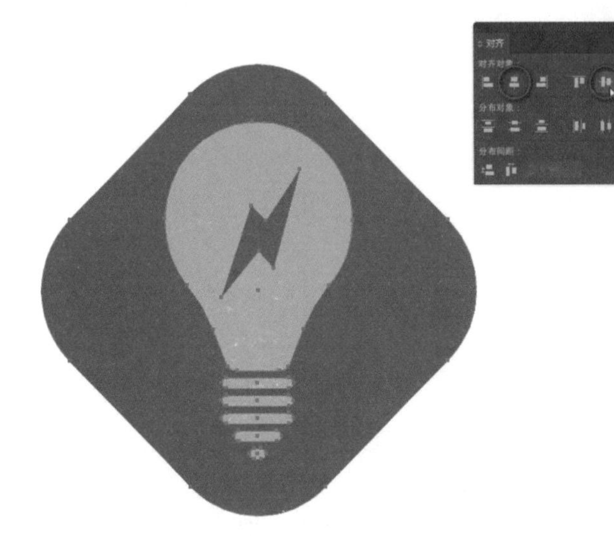

图 6-35　绘制背景并调整层叠顺序

图 6-36　绘制阴影

（8）完成阴影的剪切。选取并复制圆角矩形背景，单击阴影图形并进行“粘在前边”操作，效果如图 6-37 所示。随后同时选取顶层的圆角矩形和阴影图形，单击“路径查找器”面板“形状模式”选项组中的“交集”按钮，完成阴影图形的剪切，效果如图 6-38 所示。

图 6-37　进行“粘在前边”操作

图 6-38　完成阴影图形的剪切

（9）为阴影图形填充渐变。选取阴影图形，调出“渐变”面板，在“类型”下拉列表中选择“线性渐变”选项，完成阴影的渐变填充，如图 6-39 所示。

（10）设置混合模式。选取阴影图形，在“透明度”面板中将图形的“混合模式”设置为“正片叠底”，完成效果如图 6-40 所示。最终效果如图 6-30 所示。

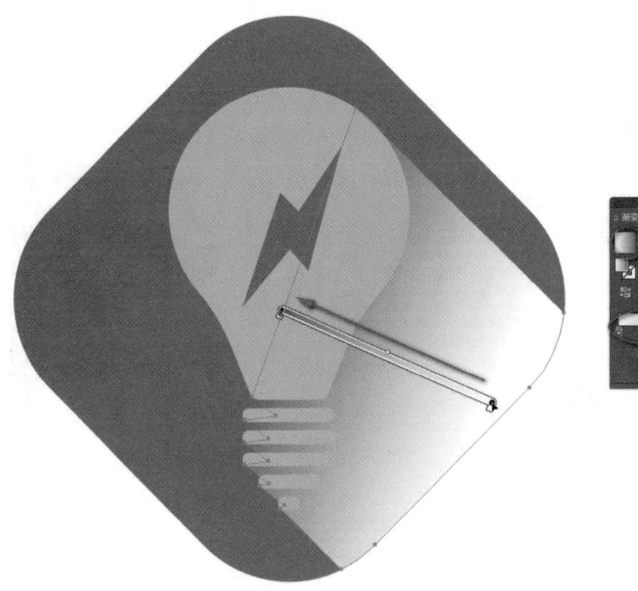

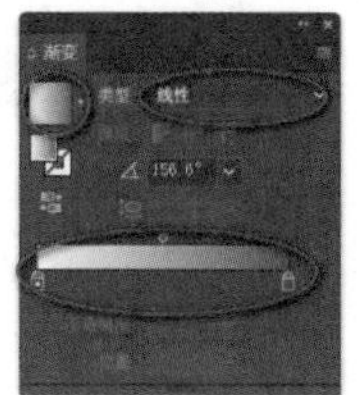

图 6-39　完成渐变填充

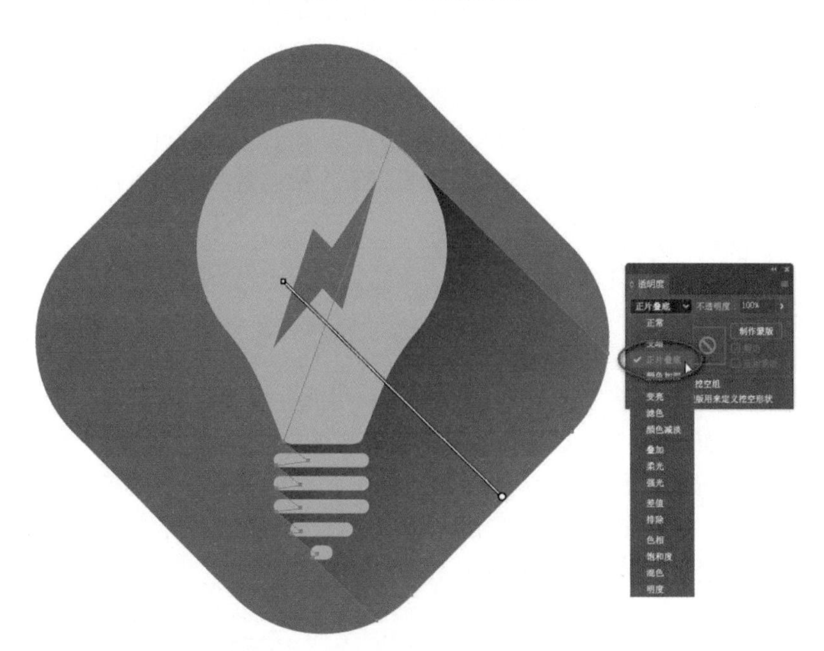

图 6-40　完成阴影图形混合模式的设置

课堂练习

使用剪切蒙版、“椭圆工具”“对齐与分布”“编组”等工具和命令完成制作，完成效果如图 6-41 所示。具体制作要求如下。

（1）文档要求：画布尺寸为 210mm×285mm，方向为横向，色彩模式为 CMYK。

（2）绘制要求：合理使用相应的工具和命令，图形规整、规范，画面整洁，美观雅致。

图 6-41 “静以修身”小品

本章总结

图层与蒙版在使用 Illustrator 进行图形设计时经常用到。本章围绕图层与蒙版的应用展开详细的讲解，主要介绍了“图层”面板的功能及新建图层、编组、合并图层、移动和复制图层的操作方法，系统地对图层的不透明度及混合模式进行了讲解。图层的混合模式种类多样，读者需要熟悉每种模式的效果，从而合理地进行选择。此外，本章还对剪切蒙版和不透明度蒙版的创建方法进行了讲解，使读者能掌握蒙版的创建及使用方法，为之后的设计工作提供无限的创作可能。

课后练习

使用“钢笔工具”“旋转工具”进行绘制，利用混合模式、“透明度”面板对图形进行处理，最终效果如图 6-42 所示，具体制作要求如下。

（1）文档要求：画布尺寸为 115mm × 285mm，方向为横向，色彩模式为 CMYK。

（2）绘制要求：合理使用相应的图形绘制工具、“路径查找器”面板、变换命令等进行制作，图形规整、规范，画面整洁，版式合理。

图 6-42 插图绘制

第 7 章

效果

【本章目标】

- 了解效果的基本应用和效果的种类
- 熟练掌握效果的基本操作方法
- 掌握 3D 类效果中凸出和斜角效果、绕转效果、旋转效果的应用
- 掌握风格化类效果中内发光效果、外发光效果、圆角效果、投影效果、羽化效果的应用

【本章简介】

Illustrator 可以为图形对象添加投影、发光、羽化等效果，使作品能够给人眼前一亮的视觉体验。本章将重点讲解效果的基本操作和应用，着重对 3D 类效果和风格化类效果中常用的几种效果进行详细的讲解，使读者能够熟练掌握效果的使用方法，并制作出炫酷的设计作品。

7.1 效果的应用

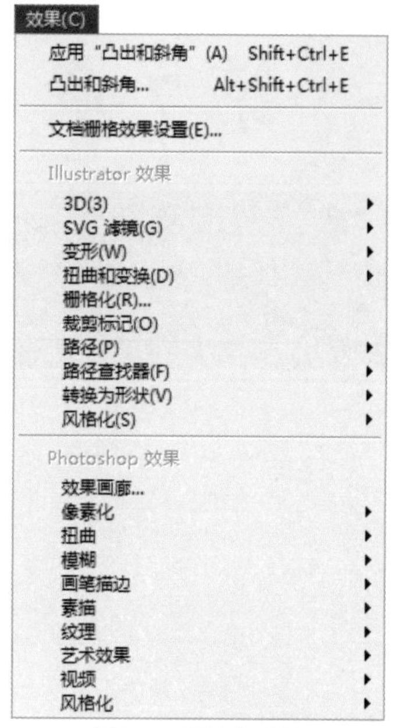

图 7-1 “效果”菜单

效果用于修改对象的外观。在 Illustrator 中，使用效果命令可以快速地处理图形对象，使图形对象拥有复杂且精美的外观。效果命令存放于“效果”菜单中，如图 7-1 所示。在“效果”菜单中，上半部分为 Illustrator 效果，也称矢量效果，下半部分为 Photoshop 效果，也称栅格效果。

7.1.1 效果的基本操作

在“效果”菜单中，每一个效果组中都包含多个效果。选择需要添加效果的对象，执行菜单命令“效果”，选择合适的效果，会弹出对应的效果对话框，在其中设置效果的参数，然后单击“确定”按钮即可应用该效果。图 7-2 所示为变形效果组中“弧形”效果的参数设置对话框。在应用效果命令后，“效果”菜单的顶部会显示应用该效果的命令，如图 7-3 所示。如果在操作中需要使用上次的效果及其参数，则可以直接对图形对象执行菜单命令“应用‘弧形’”。

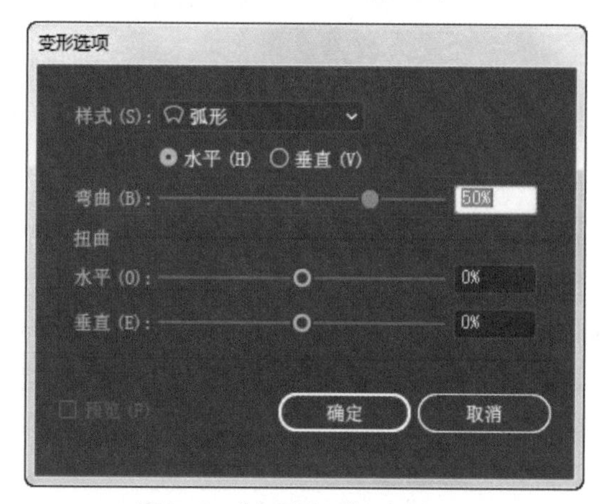

图 7-2 “变形选项”对话框

图 7-3 “应用‘弧形’”命令

7.1.2 “外观”面板

在 Illustrator 中，图形对象的外观属性是一组在不改变对象基础结构的前提下影响对象外观的属性，主要包括图形对象的填色、描边、透明度和效果。在“外观”面板中，可以对图形对象的外观属性进行保存、修改和删除等操作。图 7-4 所示为“外观”面板。

在“外观”面板中，可以对图形的外观进行添加新描边、添加新填色、添加新效果、清除、复制和删除等操作。可以通过单击属性前面的眼睛图标来显示或者隐藏对象的属性。

在实际的工作中，有时会需要将图形对象的填色、描边或效果分离为各自独立的对象，从而进行编辑。此时可以用到“扩展外观”命令。选择图 7-5（a）所示的图形对象，执行菜单命令“对象”–“扩展外观”，取消编组后进行移动，即可看到3D效果、填色和描边成为各自独立的对象，如图7-5（b）所示。

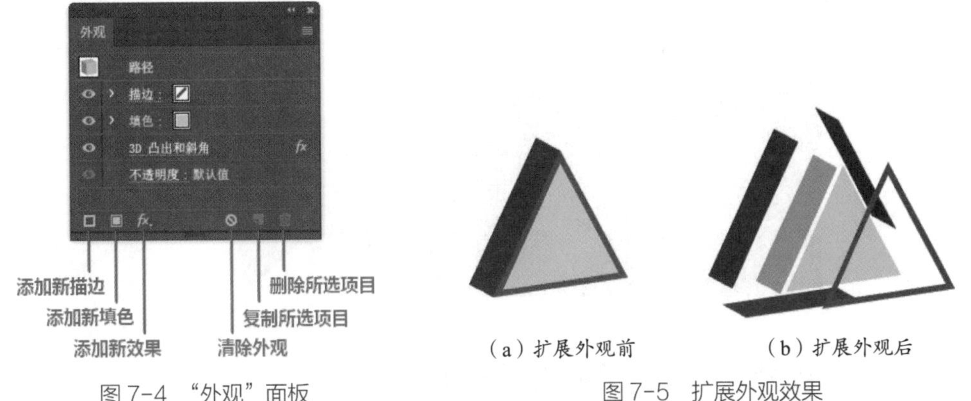

图7-4 “外观”面板

图7-5 扩展外观效果

7.2 3D类效果

在Illustrator中，3D类效果可以将开放路径、封闭路径或位图对象等转换为可以旋转、打光和投影的三维对象。在操作时还可以将符号作为贴图投射到三维对象表面，以模拟真实效果。3D效果组中包含凸出和斜角效果、绕转效果、旋转效果，如图7-6所示。

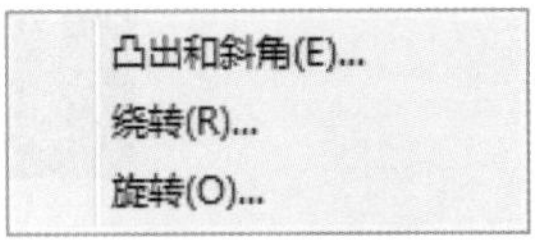

凸出和斜角(E)...
绕转(R)...
旋转(O)...

图7-6 3D效果组

7.2.1 凸出和斜角效果

凸出和斜角效果会沿对象的z轴凸出拉伸2D对象，以增加对象的深度，创建3D效果。选择图形对象，执行菜单命令“效果”–“3D效果”–“凸出和斜角”，弹出“3D凸出和斜角选项”对话框，如图7-7所示。

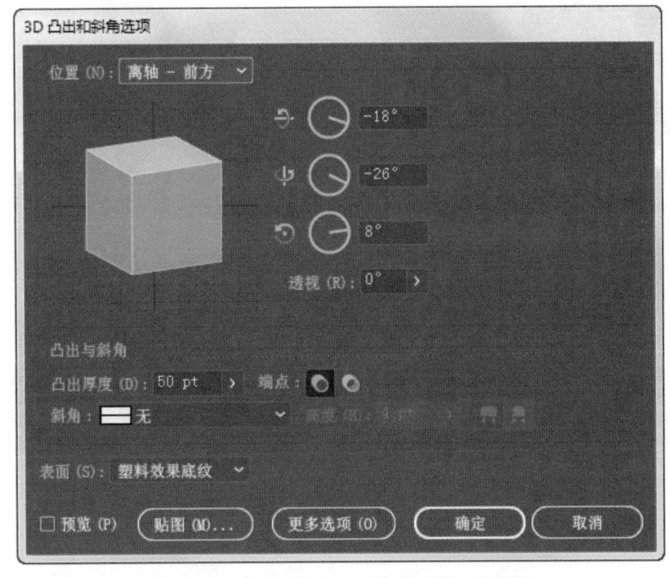

图7-7 “3D凸出和斜角选项”对话框

在“3D 凸出和斜角选项”对话框中，在“位置”下拉列表中可以选择旋转角度，也可以使用鼠标拖曳对话框中的立方体来自定义角度，还可以精确设置 x 轴、y 轴、z 轴旋转角度的参数。图 7-8 所示为两个不同旋转角度的效果对比。

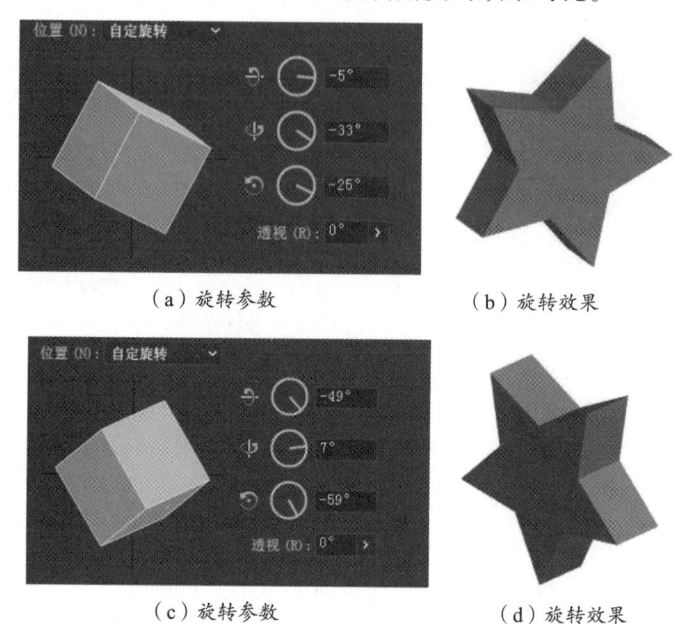

（a）旋转参数　（b）旋转效果

（c）旋转参数　（d）旋转效果

图 7-8　不同旋转角度的效果对比

“透视”选项用来调整对象的透视角度，从而增强立体感。在调整时，可以输入一个 0° ~ 160° 的数值。较小的角度类似于长焦照相机镜头，图 7-9 所示为将透视参数设置为 50° 的效果；较大的角度类似于广角照相机镜头，图 7-10 所示为将透视参数设置为 120° 的效果。

图 7-9　透视参数为 50° 的效果

图 7-10　透视参数为 120° 的效果

“凸出厚度”选项用来设置推向的深度。图 7-11 所示为分别设置凸出厚度为 50pt 和 100pt 时的效果。

（a）凸出厚度为 50pt

（b）凸出厚度为 100pt

图 7-11　凸出厚度效果

“端点”选项中的两个按钮可以用来创建实心立体对象和空心立体对象，如图 7-12 所示。

（a）实心立体对象　　（b）空心立体对象

图 7-12　端点效果

“斜角”选项主要用来设置对象的边缘效果。在“斜角”下拉列表中，可以为对象的边缘指定一种斜角。在设置斜角后，可以在“高度”文本框中输入斜角的高度值，如图 7-13 所示。高度文本框右侧两个按钮的作用分别是在保持对象大小不变的基础上，通过增加像素形成斜角和从原对象上切除部分像素形成斜角，效果如图 7-14 所示。

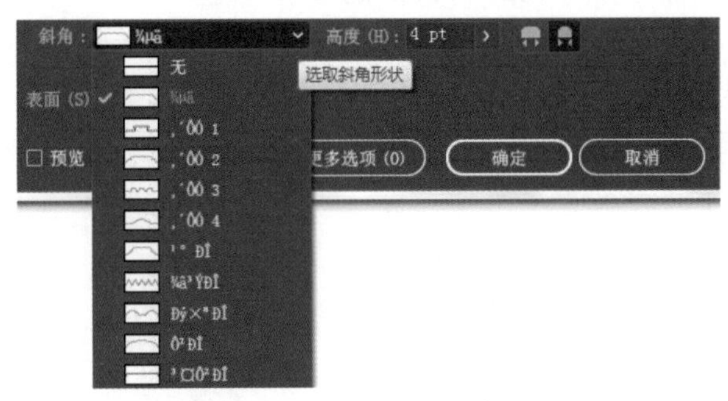

图 7-13　斜角和高度

（a）斜角外扩（将斜角添加至原始对象）　（b）斜角内缩（自原始对象减去斜角）

图 7-14　斜角外扩和斜角内缩效果

7.2.2　绕转效果

绕转效果可以让路径通过做圆周运动，形成 3D 对象。由于绕转轴是垂直固定的，因此用于绕转的路径应该是所需 3D 对象面向正前方时垂直剖面的一半，否则将会出现一定的偏差。选择图形对象，执行菜单命令“效果” - “3D 效果” - “绕转”，弹出“3D 绕转选项”对话框，如图 7-15 所示。

“位置”选项和凸出和斜角效果的操作类似。在“绕转”选项组的“角度”选项中，可以设置 0° ~ 360° 的路径绕转角度。默认的角度为 360° ，此时对象绕转 360° ，生成一个完整的立体对象，效果如图 7-16 所示。

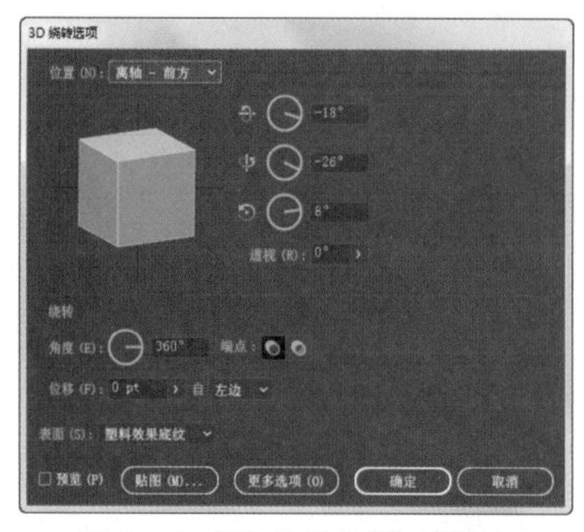

图 7-15 “3D 绕转选项”对话框

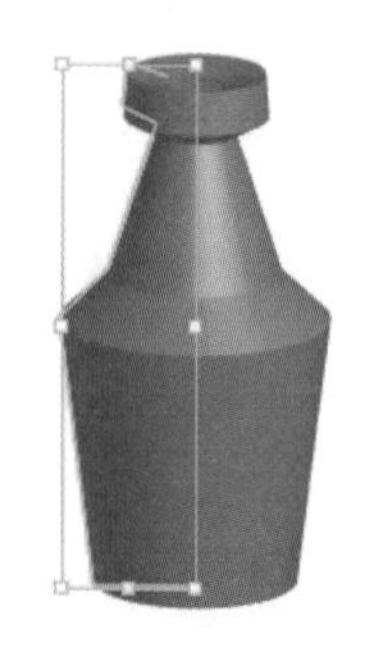

图 7-16 绕转 360° 的效果

位移指的是设置绕转对象与自身轴心的距离，该值越大，对象偏离轴心越远。图 7-17 所示为分别设置位移为 10pt 和 30pt 的效果对比。

“位移”选项的右侧有一个“自”选项，用来设置对象绕转的轴，包括“左边”和“右边”。如果用于绕转的图形是最终对象的左半部分，应该选择“右边”；如果绕转图形是对象的右半部分，则应该选择“左边”。图形绕转轴不一样，得到的图形效果也不一样，图 7-18 所示为两种不同的效果。

（a）位移为 10pt （b）位移为 30pt

图 7-17 位移效果对比

（a）“右边” （b）“左边”

图 7-18 不同绕转轴效果对比

7.2.3 旋转效果

使用旋转效果可以在三维空间中旋转对象，使其产生透视效果，被旋转的对象可以是一个普通的 2D 图形或图像，也可以是 3D 对象。选择图形对象，执行菜单命令“效果” - “3D 效果” - “旋转”，弹出“3D 旋转选项”对话框，如图 7-19 所示。图形旋转效果如图 7-20 所示。

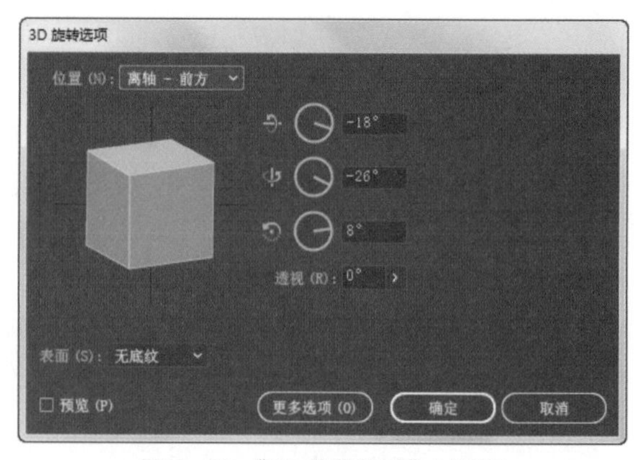

图 7-19 “3D 旋转选项”对话框

在使用“凸出和斜角”“绕转”“旋转”命令创建 3D 效果时，在每一个对话框中都有一个“表面”下拉列表，在其中可以选择对象的表面底纹，包括“线框”“无底纹”“扩散底纹”“塑料效果底纹”，如图 7-21 所示。如果选择“旋转”效果，则“表面”下拉列表中只有“无底纹”和“扩散底纹”两个选项可用。

（a）原图

（b）旋转后效果

图 7-20　旋转效果

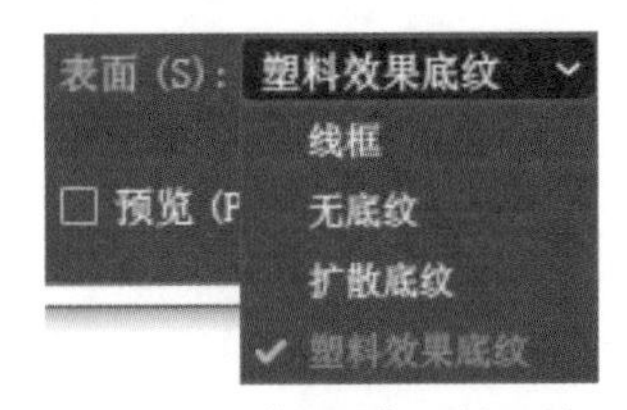

图 7-21　“表面”下拉列表

“线框”选项的作用是显示对象几何形状的线框轮廓，并使每个表面呈现透明状态，效果如图 7-22 所示。

“无底纹”选项的作用是不向对象添加任何新的表面属性，此时 3D 对象的颜色和原始对象颜色相同，效果如图 7-23 所示。

“扩散底纹”选项的作用是使对象以一种柔和、扩散的方式反射光，但光影的变化不够真实和细腻，效果如图 7-24 所示。

“塑料效果底纹”选项的作用是使对象以一种闪烁、光亮的材质模式反射光，可获得最佳的 3D 效果，效果如图 7-25 所示。

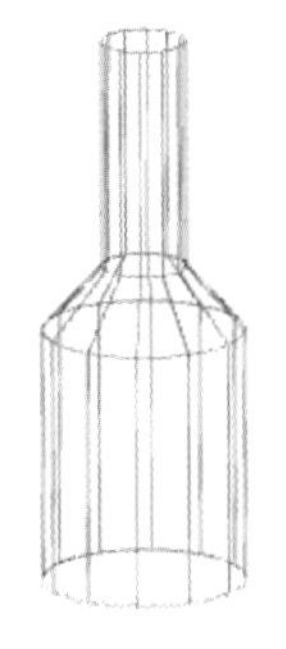

图 7-22　“线框”效果

图 7-23　“无底纹”效果

图 7-24　“扩散底纹”效果

图 7-25　“塑料效果底纹”效果

7.2.4　演示案例：制作 3D 青花瓷茶洗

演示案例：制作 3D 青花瓷茶洗

本案例将使用 Illustrator 的“描边”面板、“钢笔工具”、“3D 绕转”命令、“颜色”面板、“图像描摹”命令来进行绘制。读者重在掌握 3D 绕转的贴图用法和对需要绕转的图形的剖析方法，强化图形的空间意识。

图 7-26　最终完成效果

最终完成效果如图 7-26 所示。

（1）新建文档。启动 Illustrator 软件，新建文档，尺寸为 210mm × 285mm，方向为横向，色彩模式为 CMYK。

（2）使用“钢笔工具”绘制基本图形。碗是日常生活中每天都能接触到的物品，对碗的结构进行分析，寻找其特征，并找到其最基本的形态，做到精炼、简洁，然后使用“钢笔工具”绘制基本图形，如图 7-27 所示。

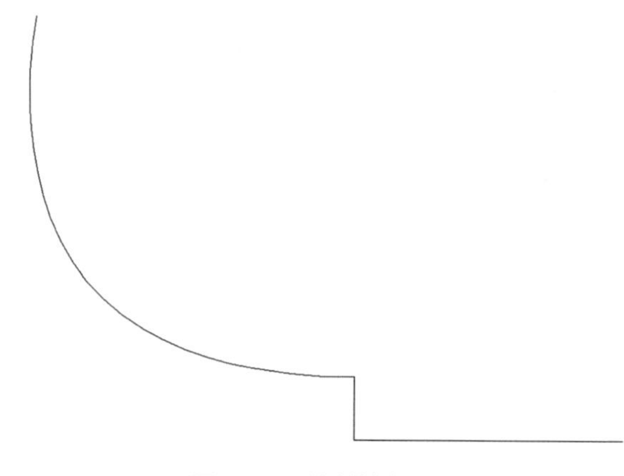

图 7-27　绘制基本图形

（3）设置描边颜色。青花瓷的“胎体”为类似蛋清的颜色，在“颜色”面板中设置描边颜色（C 为 10%、M 为 0%、Y 为 0%、K 为 0%），得到的图形效果如图 7-28 所示。

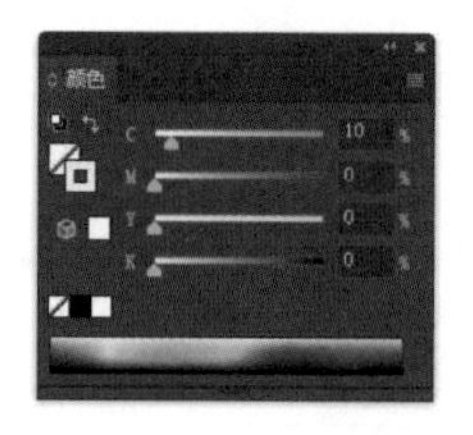

图 7-28　设置描边颜色

（4）使用“3D 绕转”命令制作茶洗的外形。执行菜单命令“效果”-“3D”-“绕转”，在弹出的对话框中设置“位置”为“自定旋转”；“位移”为“右边”；光源的设置如图 7-29 中的对话框所示，勾选“预览”复选框，得到的效果如图 7-29 所示。

（5）调整茶洗的厚度。完成绕转以后，茶洗的边缘看起来比较单薄，接下来需要修改描边为其增加厚度。选取茶洗，打开“描边”面板并设置描边“粗细”为 8pt，“端点”设置为“圆头端点”，修改后的茶洗就具有一定的厚度了，效果如图 7-30 所示。

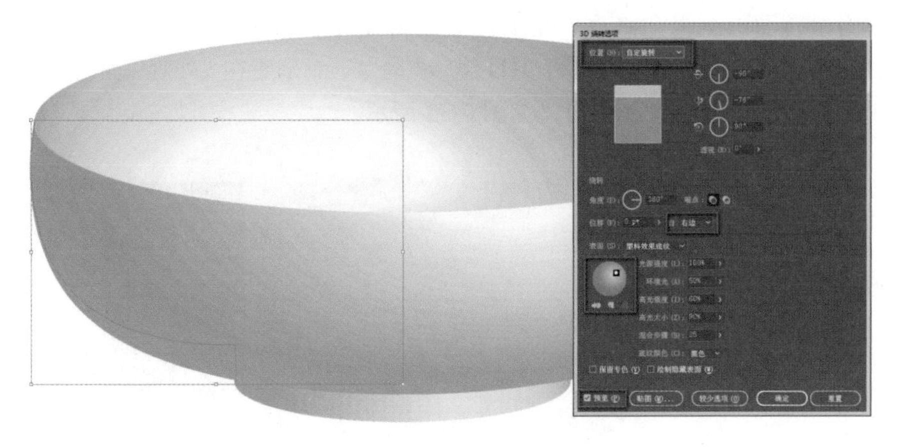

图 7-29 制作茶洗的外形

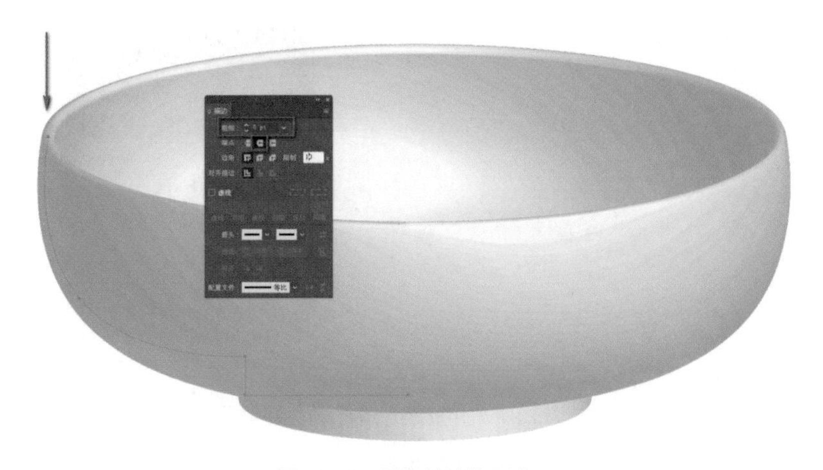

图 7-30 调整茶洗的厚度

（6）制作贴图用的图形符号。置入素材“青花素材 .png”，利用“图像描摹”命令完成矢量图的绘制，打开“符号”面板，将得到的图形拖入，完成新符号的创建，效果如图 7-31 所示。

图 7-31 制作贴图用的图形符号

（7）对绕转图形编辑和修改。在步骤（5）中完成茶洗的制作以后，需要对图形进一步修改，但此时不能在菜单中执行“3D 绕转”命令，而是要在“外观”面板中打开“3D 绕转选项”对话框进行修改和编辑，如图 7-32 所示。

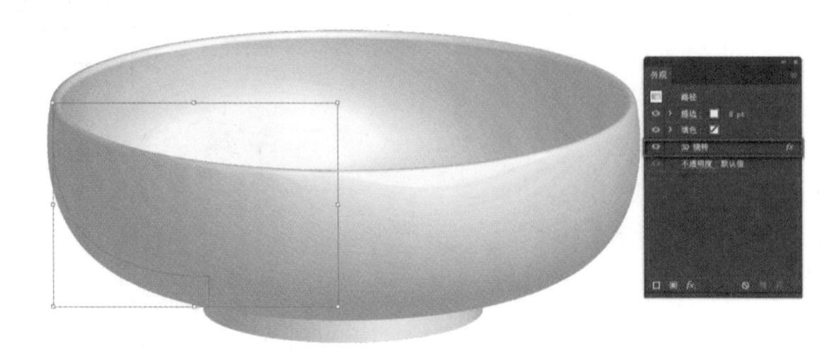

（a）在“外观”面板中打开“3D 绕转选项”对话框

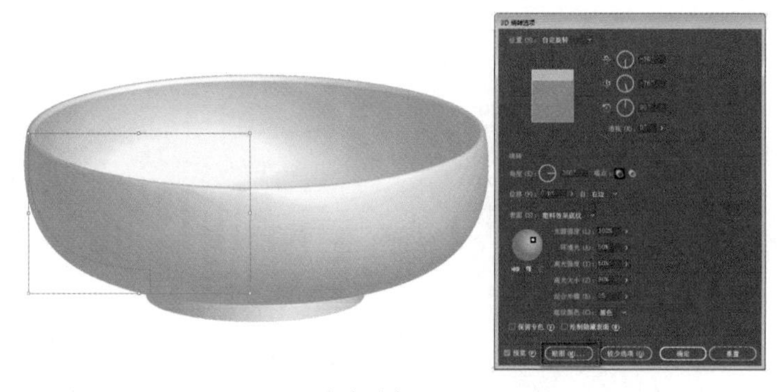

（b）选择贴图

图 7-32　对绕转图形进行修改和编辑

（8）完成贴图。在“贴图”对话框的“表面”选项中翻查需要贴图的面，根据所绘制图形得到的绕转图形的不同，“表面”中的选项数量会有所不同。在“符号”下拉列表中找到新建的青花素材符号，放置到展开面的白色区域中，调整其大小、位置、方向，并勾选“贴图具有明暗调（较慢）”复选框，单击“确定”按钮，完成效果如图 7-33 所示，最终效果如图 7-26 所示。

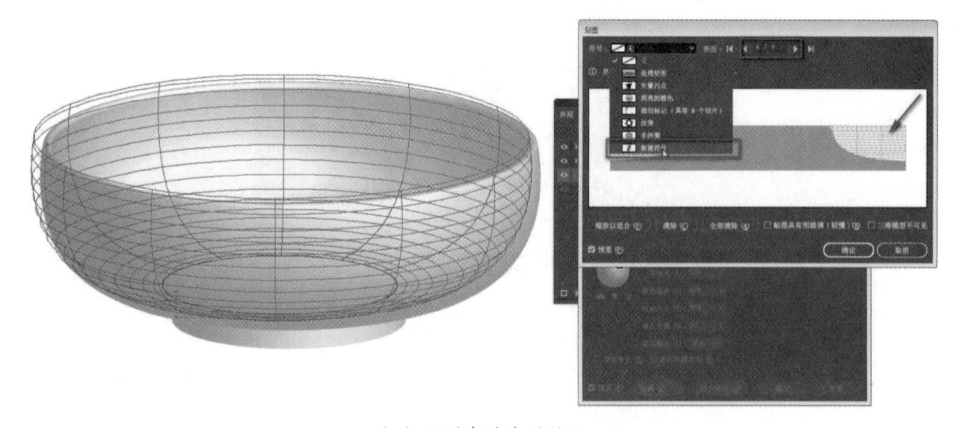

（a）找到青花素材符号

图 7-33　完成贴图

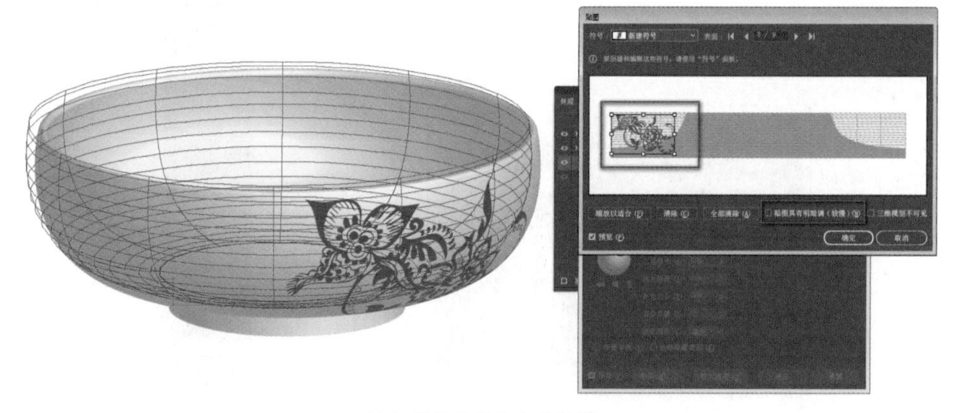

（b）调整贴图大小及位置

图 7-33 完成贴图（续）

7.3 风格化类效果

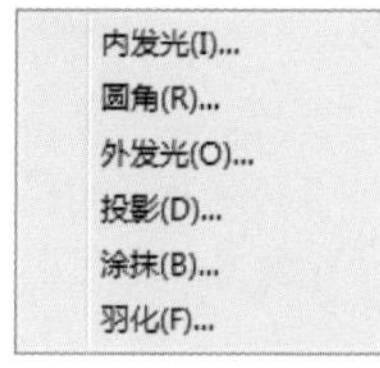

图 7-34 风格化效果组

风格化类效果包括发光、投影、羽化等效果，此类效果可以使简单的图形拥有更加多样的视觉效果。风格化效果组包含的效果有内发光效果、圆角效果、外发光效果、投影效果、涂抹效果、羽化效果，如图 7-34 所示。其中，涂抹效果在实际工作中应用较少，一般用于将图形处理为类似素描般的手绘效果。

7.3.1 内发光与外发光效果

内发光和外发光效果都是为图形添加光亮的样式效果。

1. 内发光

内发光效果是在对象的内部添加光亮。选择图形对象，执行菜单命令“效果” - “风格化” - “内发光”，弹出“内发光”对话框，如图 7-35 所示。在对话框中可以设置内发光的模式、不透明度和模糊的范围。

在“模式”下拉列表中，可以设置发光的混合模式，如图 7-36 所示。如果需要修改发光的颜色，可以单击其右侧的颜色框，打开“拾色器”面板进行设置。

“不透明度”选项用来设置发光效果的不透明度，“模糊”选项用来设置发光效果的模糊范围，“中心”“边缘”选项用来设置从对象的中心或边缘产生发光的效果。图 7-37 所示为从对象的中心和边缘产生内发光的效果。

2. 外发光

外发光效果是从对象的边缘产生向外发光的效果。选择图形对象，执行菜单命令“效果” - “风格化” - “外发光”，弹出“外发光”对话框，如图 7-38 所示。在对话框中可以设置外发光的模式、不透明度和模糊的范围。外发光效果如图 7-39 所示。

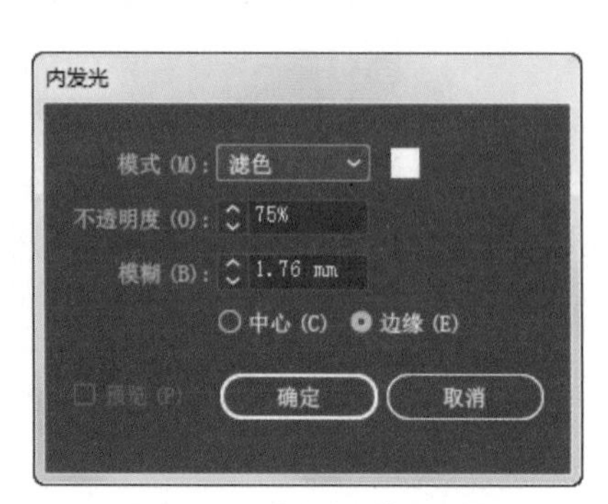

图 7-35 “内发光”对话框

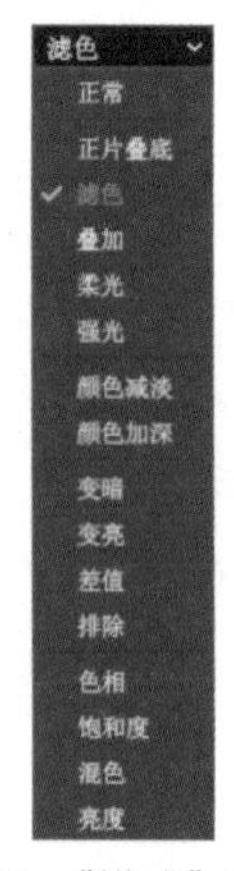

图 7-36 “模式”下拉列表

（a）原图

（b）中心内发光

（c）边缘内发光

图 7-37 内发光效果

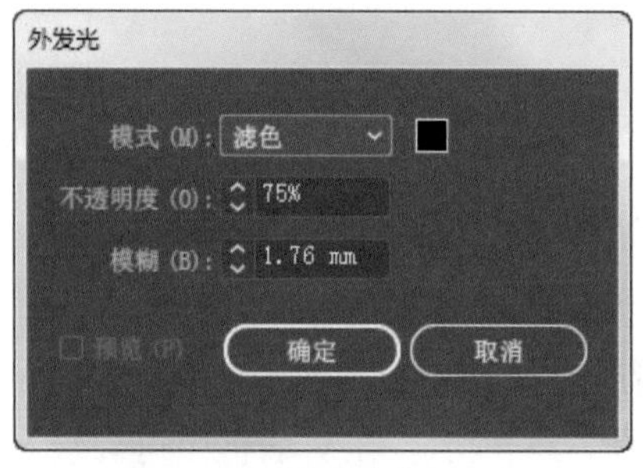

图 7-38 “外发光”对话框

（a）原图

（b）外发光

图 7-39 外发光效果

7.3.2 圆角效果

圆角效果可以将矢量对象的边角控制点转化为平滑的曲线，使图形中的尖角变为圆角。选择图形对象，执行菜单命令“效果”-“风格化”-“圆角”，弹出“圆角”对话框，如图 7-40 所示。在对话框中可以设置圆角的半径。圆角效果如图 7-41 所示。

图 7-40 “圆角”对话框框

（a）原图

（b）圆角

图 7-41 圆角效果

7.3.3　投影与羽化效果

投影和羽化效果是图形设计中常用于丰富图形样式、增强视觉的效果。

1. 投影

投影效果的主要功能是为图形对象添加投影，使图形对象呈现一定的立体效果。选择图形对象，执行菜单命令“效果”-“风格化”-“投影”，弹出“投影”对话框，如图 7-42 所示。在对话框中可以设置投影的模式、不透明度、x 或 y 轴位移、模糊范围，以及颜色和暗度。

在“模式”下拉列表中可以选择投影的混合模式，包括“正片叠底”“滤色”“叠加”“柔光”等。“不透明度”选项用来设置投影的不透明度，值为 0% 时，投影完全透明；值为 100% 时，投影完全不透明。“X 位移”“Y 位移”选项用来设置投影偏离对象的距离。“模糊”选项用来设置投影的模糊范围，还可以更改投影的颜色。“暗度”选项主要用来设置为投影添加的黑色深度百分比，选择该选项后，将以对象自身的颜色与黑色混合作为阴影，“暗度”选项的值为 0% 时，投影显示为对象自身的颜色；“暗度”选项的值为 100% 时，投影显示为黑色。图 7-43 所示为投影效果。

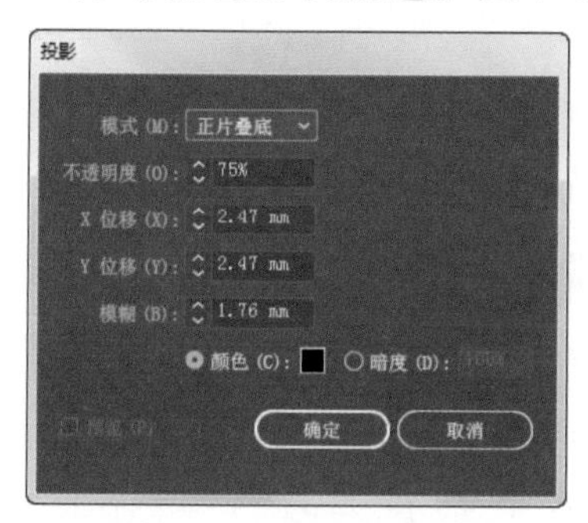

图 7-42　“投影”对话框

（a）原图

（b）投影

图 7-43　投影效果

2. 羽化

图 7-44　“羽化”对话框

羽化效果的功能是对图形对象的边缘进行柔化，使其呈现从内部到边缘逐渐透明的效果。选择图形对象，执行菜单命令“效果”-“风格化”-“羽化”，弹出“羽化”对话框，如图 7-44 所示。在对话框中可以设置羽化的半径。图 7-45 所示为羽化效果。

（a）原图

（b）羽化

图 7-45　羽化效果

Illustrator 还提供了其他各式各样的效果，读者可以进行尝试和应用，使用不同效果制作出各式各样的设计作品。

7.3.4　演示案例：拟物风格相机图标绘制

演示案例：拟物风格相机图标绘制

拟物风格图标画风独特，视觉效果精细，受人喜爱。此外，拟物化风格图标能体现设计师对形体的归纳和总结能力，在很多终端设备上都能看到这种风格的图标。

本案例使用 Illustrator 的“渐变工具”“内发光”“投影”等工具和命令进行绘制。

最终完成效果如图 7-46 所示。

（1）绘制设计草图。要养成在使用软件进行制作之前绘制设计草图的习惯。绘制设计草图是设计环节中不可或缺的一个步骤，同时也是快速进行画面构思的一个过程。此案例的设计草图如图 7-47 所示。

图 7-46　最终完成效果

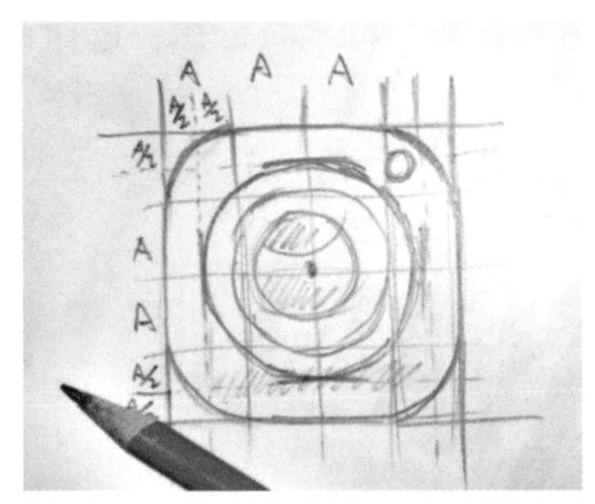

图 7-47　绘制设计草图

（2）新建文档并绘制机身图形。启动 Illustrator 软件，新建文档，尺寸为 210mm × 210mm，色彩模式为 RGB。选取“圆角矩形工具”，绘制尺寸为 100mm × 100mm、圆角半径为 20mm 的圆角矩形。绘制完成后为图形添加内发光效果，混合模式为“正片叠底”，“不透明度”设置为 20%，“模糊”设置为 9mm，单击“确定”按钮完成设置，效果如图 7-48 所示。

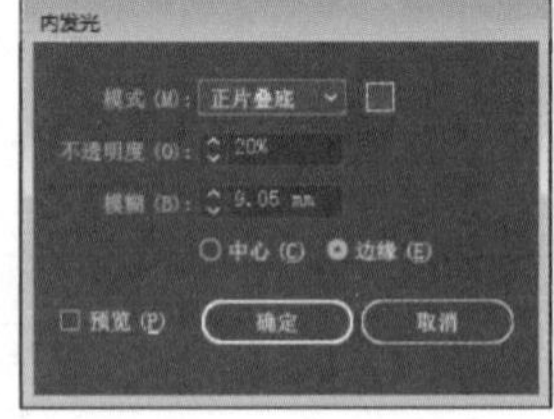

图 7-48　绘制机身图形

（3）绘制机身装饰图形。选取“矩形工具”，绘制尺寸 50mm × 100mm 的矩形，完成绘制后将机身的圆角矩形一同选取并进行“水平居中对齐”“垂直居中对齐”操作。选取矩形并进行线性渐变填充，颜色设置参照图 7-49，重点是红框圈选处的色彩变化。结合光影素描与结构素描相关知识进行色彩明度的调整，强化机身图形的结构关系，效果如图 7-50 所示。

图 7-49 矩形线性渐变填充设置

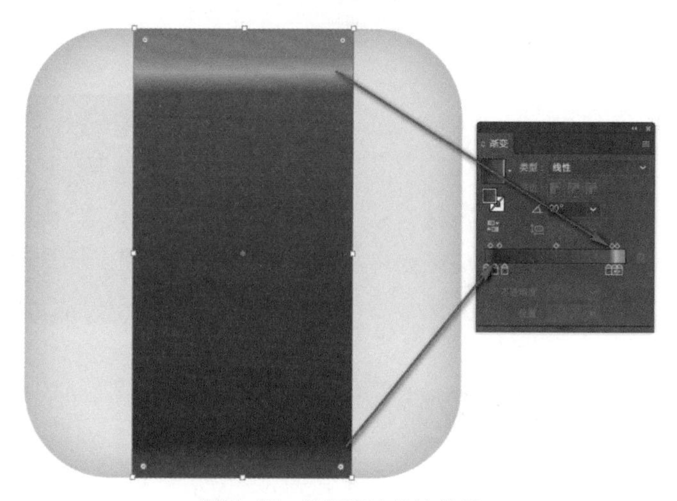

图 7-50 矩形渐变装饰效果

（4）强化机身光感。将机身的圆角矩形复制并进行“原位粘贴”后设置渐变填充，调节颜色，完成白色至白色透明的渐变填充。根据画面效果，在“渐变”面板中将渐变图形的不透明度设置为 70%，模拟顶光源照射的效果，如图 7-51 所示。

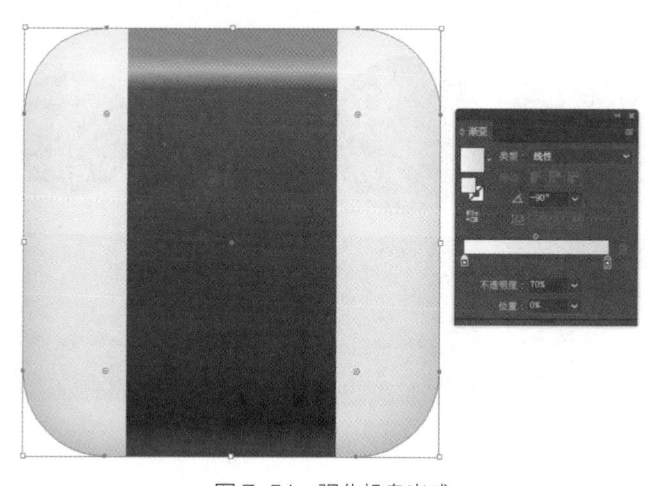

图 7-51 强化机身光感

（5）绘制镜头外轮廓。相机镜头的结构比较复杂，如图 7-52 所示。想要更好地表现和概括其结构特征，需要先对镜头的结构进行分析和归纳。在绘制镜头图形部分时，用到的是“椭圆工具”和“渐变”面板，并使用“对齐工具”和“透明”面板进行辅助。同时在绘制过程中执行“编辑”－“贴在前边”命令，以保证图形的对齐关系严谨。首先使用“椭圆工具”绘制镜头 A 部分，尺寸为 75mm × 75mm，同时使用渐变工具及其面板进行线性填充，并与机身完成对齐操作，效果如图 7-53 所示。

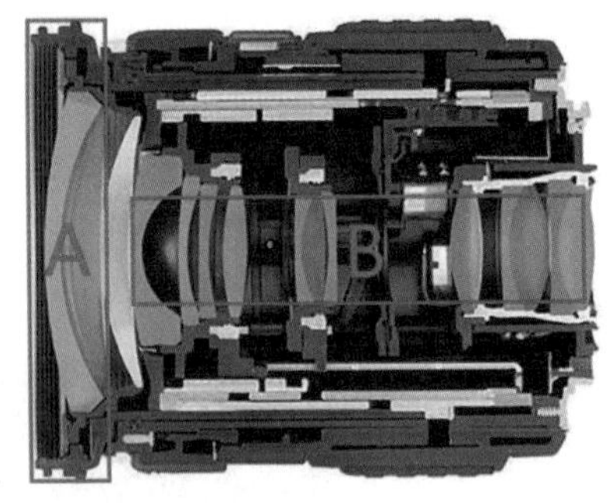

图 7-52 相机镜头的结构

图 7-53 绘制镜头外轮廓

（6）绘制镜头内部构造。镜头内部构造的绘制方法可以采用同心圆的形式来完成，每个圆形的渐变填充设置如图 7-54 所示。对于绘制镜片图形时的色彩设置，镜头镜片的玻璃一般采用镀膜处理，所以渐变的颜色一般会有炫光变化。将绘制完的图形进行“垂直居中对齐”“水平居中对齐”操作，效果如图 7-55 所示。

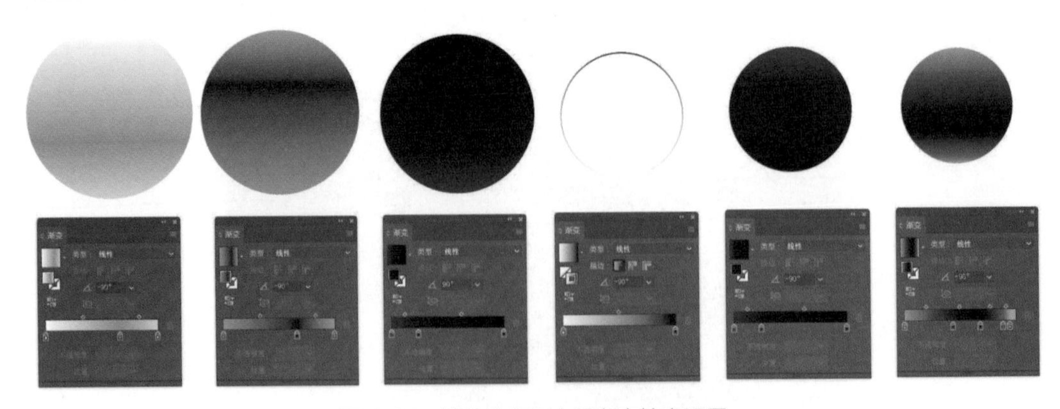

图 7-54 镜头内部同心圆渐变填充设置

（7）绘制镜头光孔。在步骤（5）中的镜头剖面图中，B 区域是镜头的光孔结构，从镜头正前方看进去，通常只能看到黑色的纵深结构。完成光孔的绘制，镜头的外观才会更加形象。绘制圆形并填充黑色，利用“路径查找器”面板制作反光区域的图形，最后，使用渐变工具为其添加光斑和高光点，效果如图 7-56 所示。

图 7-55　镜头内部结构绘制

图 7-56　绘制镜头光孔

（8）完成绘制。将构成镜头的所有图形编组并复制，缩小后放置于图标的右上角，完成取景器的制作。至此，拟物风格相机图标绘制完成，最终结果如图 7-46 所示。

课堂练习

制作电商促销海报，完成效果如图 7-57 所示。具体制作要求如下。

（1）文档要求：画布尺寸为 160mm × 285mm，色彩模式为 RGB。

（2）绘制要求：使用“3D 工具”“渐变”面板、“变换”“投影”和“描边”等并结合色彩构成、平面构成相关知识完成海报制作，主题鲜明，图形规整、规范，画面整洁。

图 7-57　双十一促销海报

本章总结

效果在设计图形的过程中经常被使用，效果可以使单调的图形拥有复杂且具有创意的视觉体验。本章重点对 Illustrator 中的 3D 类效果和风格化类效果展开了详细的讲解。

要求读者掌握效果的基本操作方法和“外观”面板的使用方法，能够熟练应用3D类效果中的凸出和斜角效果、绕转效果、旋转效果，以及风格化类效果中的内发光效果、外发光效果、圆角效果、投影效果、羽化效果，制作出各种不用风格和种类的设计作品，在提升设计作品视觉效果的基础上提高工作效率。

课后练习

综合运用本章所学的知识完成“快乐每一天”海报的制作，完成效果如图7-58所示。具体制作要求如下。

（1）文档要求：画布大小为210mm×90mm，颜色模式为CMYK。

（2）绘制要求：使用“3D工具”“渐变”面板、“画笔”面板、“投影”“描边”“透明度”面板和“高斯模糊”等并结合色彩构成、平面构成相关知识完成海报制作，主题鲜明，图形规整、规范，画面整洁。

图7-58 “快乐每一天”海报

第 8 章

综合项目："世界无烟日"公益主题物料设计

【本章目标】

- 通过项目演练，进一步掌握 Illustrator 的强大功能和使用技巧，并能够应用所学技能制作出专业的设计作品
- 通过项目演练，掌握软件的综合应用方法与技巧
- 掌握海报、手提袋等平面作品的创作思路及设计技巧与规范

【本章简介】

本章将对公益活动的宣传物料进行设计并适当延展，完成海报设计、手提袋设计、X 展架设计、活动背板设计。本章在完成项目的同时，将对软件应用、创意技巧、行业规范等知识加以介绍和综合运用。

通过本章案例的设计与制作，读者能够熟练掌握 Illustrator 软件在传统印刷设计中的应用，以及常见物料的设计规范和技巧。

最终完成效果如图 8-1 至图 8-4 所示。

图 8-1　海报效果

图 8-2　手提袋效果

图 8-3　活动签字背板效果

图 8-4　X 展架效果

8.1　项目分析

8.1.1　项目背景

项目分析

公益活动是经久不衰的一类话题。每年都会有很多以环境、健康、能源、资源等为主题的公益活动在全世界范围内进行着。

本案例以"禁烟"为主线进行活动物料的设计与制作。

吸烟是一个普遍的社会现象。世界卫生组织已预警 21 世纪世界范围内将有 10 亿人死于与吸烟有关的疾病。虽然受到主动吸烟与被动吸烟危害的群众人数在逐年下降，但世界范围内烟民的基数非常大。当下，有这样一个群体也在遭受着烟草的冲击，那就是大学生群体。为了大家的身体健康和国家未来的发展，控烟运动是必要的，也将是持久的。

1987 年 11 月，世界卫生组织在日本东京举行的第 6 届吸烟与健康国际会议上建议把每年的 4 月 7 日定为世界无烟日（World No Tobacco Day），并从 1988 年开始执行，但从 1989 年开始，世界无烟日改为每年的 5 月 31 日，因为第二天是国际儿童节，希望下一代免受烟草危害。

自 2011 年 1 月 1 日起，我国将在所有室内公共场所、室内工作场所、公共交通工具及所有可能的室外工作场所完全禁止吸烟。为了迎合全国的这一大好形势，特提倡在全国高等院校举行“禁烟”主题活动。

8.1.2 思路分析

“禁烟”主题公益海报的创意角度和表现手法各有千秋，同种创意的表现手法也有很多，大多采用夸张、隐喻、比拟等手法来完成。在设计风格方面，有些晦涩、沉重的画面会起到不一样的震撼效果。

所以我们见到的“禁烟”类公益广告多半采用较为震撼的表现形式，图 8-5 所示为“禁烟”公益海报范例。

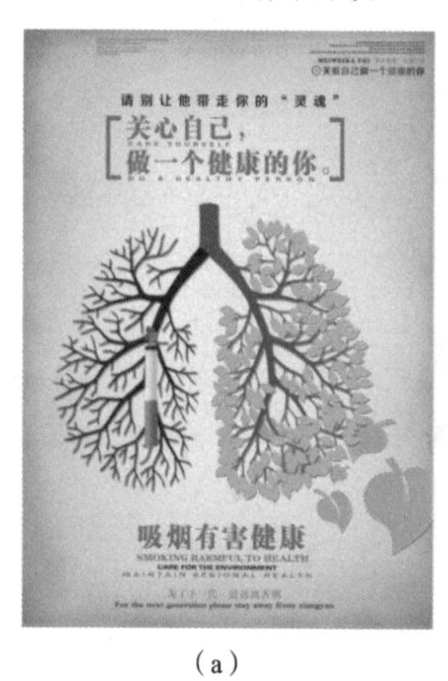

（a）

（b）

（c）

图 8-5 “禁烟”公益海报范例

8.2 项目制作

演示案例：海报设计

8.2.1 海报设计

1. 设计要求

活动主画面是项目的设计内容得以延展的首要因素，通常主视觉设计会花费较多的精力与时间。主画面通常具有直观的视觉效果、醒目的诉求标题，并根据需要配以相应的文字或其他内容进行补充，以强化其宣传效果与宣传力度。

具体制作要求如下。

（1）风格：设计风格及表现手法不限，力求突出主题与主诉求观点。

（2）尺寸：画面尺寸为 420mm × 285mm（通常海报尺寸会比较大，为降低计算机能耗、提高效率，本案例采用等比小幅面进行制作）。

（3）色彩模式为 CMYK，分辨率为 300ppi。

（4）为保证主视觉后期放大使用时的质量，在设计制作过程中，要保证主视觉画面细节丰富，制作精细。

（5）保留原始画面的图层和各图层内容的完整度，以避免后期因改变画幅的版式而出现信息不完整的情况。

2. 创意来源

创意的立足点比较多，可以从健康、环境、愿望等多个角度进行创意引导。在设计过程中，要遵循广告法相关的条款进行素材的选用和创作。

本案例采用对比的手法，将香烟燃烧前后的状态与树林的变化相对比，以警示吸烟人群，强化吸烟的危害，并利用说明文字强化“无烟”的意义。构图采用“倒三角”构图形式，该形式具有紧迫、警示的心理暗示。设计之初先进行创意设计并绘制草稿，图 8-6 仅供参考。

图 8-6　手绘创意草稿

3. 设计制作

本案例使用 Illustrator 软件完成设计与制作。

（1）新建文档。启动 Illustrator 软件，新建文档，尺寸为 420mm × 285mm，方向为横向，色彩模式为 CMYK。

（2）控烟是全世界都在关注的话题，控烟不仅有益于健康，也能提升近地空气质量，所以海报将使用天空的图形作为背景。置入素材“云朵 .ai”，调整其大小以适合画面，完成效果如图 8-7 所示。

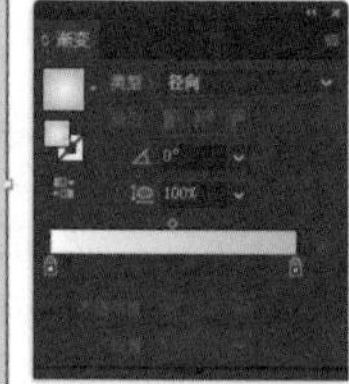

图 8-7 海报背景

（3）使用“矩形工具”绘制香烟图形，根据明暗变化进行颜色填充，绘制效果如图 8-8 所示。

（4）使用“铅笔工具”绘制烟灰效果并完成香烟图形的制作。构成烟灰的图形可以使用“铅笔工具”随意绘制，绘制完成后利用黑白灰的色调进行填充，并将图形紧密排布，整体的明暗变化可参照步骤（3）中香烟的明暗变化，在图形中选择几个图形填充红色以模拟燃烧的效果，如图 8-9 所示。绘制完成后将构成烟灰的“小零件”全选并编组，然后与香烟图形进行组合，完成效果如图 8-10 所示。

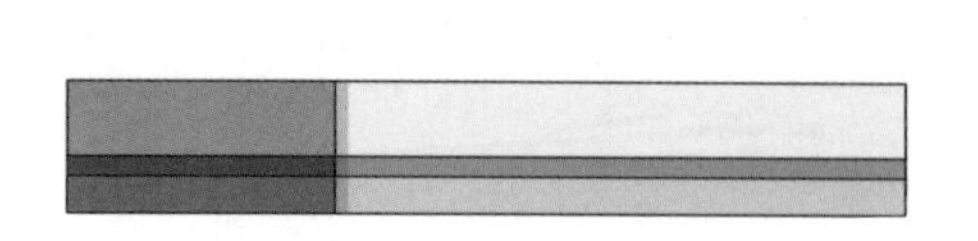

图 8-8 绘制香烟图形

图 8-9 绘制烟灰

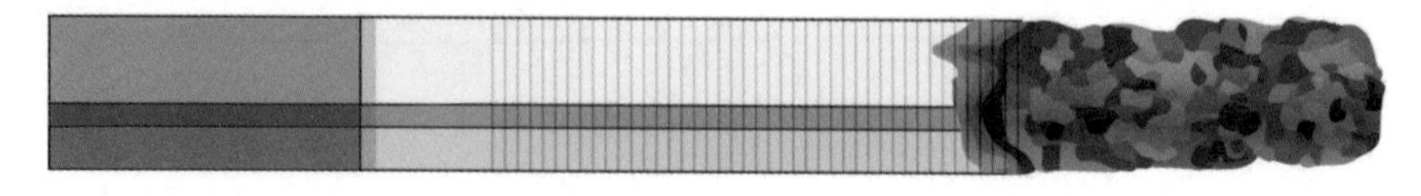

图 8-10 完成香烟的绘制

（5）绘制树林。使用“椭圆工具”“圆角矩形工具”“钢笔工具”绘制树干、树枝、树丛，并填充相应颜色，要求视觉效果直观、简洁，如图 8-11 所示。

图 8-11　绘制树林

（6）结合图 8-10 完成树林绘制并填充颜色，树林分为 3 部分：第一部分对应未燃烧的香烟部分，树林保持绿树的自然颜色；第二部分对应香烟正在燃烧的部分，树冠、树枝和树干是枯黄的；第三部分对应烟灰部分，树仅剩枯枝。第三部分也是整个画面中的最主要的部分，也是创意中心诉求元素，完成效果如图 8-12 所示。

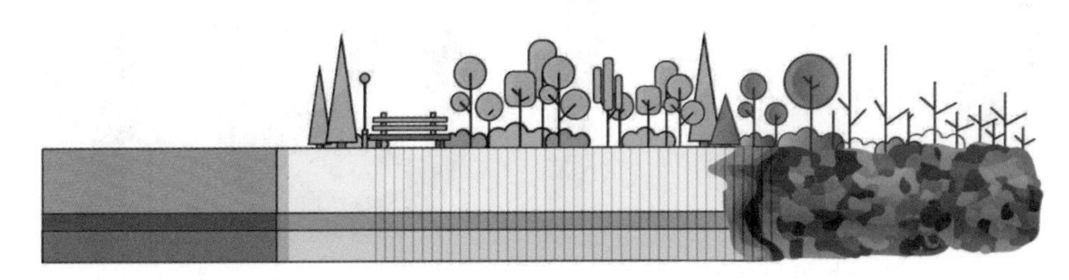

图 8-12　主视觉元素绘制

（7）文字编排过程中主要注意这几个方面：字体版权、内容主次、配色。根据想要表现的主体调整文字的大小，文字既是设计元素，又是重要的宣传信息。分清文字的重要程度，可以有效地增强画面构图的节奏感。海报中的"STOP"使用"毛笔工具"手绘，这样既可以增强视觉冲击力，同时又能规避字体版权问题。选择"毛笔工具"绘制出字母，打开"画笔"面板，单击打开右上角的扩展菜单，执行"打开画笔库"－"艺术效果"－"艺术效果 _ 粉笔炭笔铅笔"命令，在面板中选取任一画笔，如图 8-13 所示。

图 8-13　绘制文字

（8）制作文字图形组。为文字"扩展外观"，以便进行下一步编辑。现在的文字还是路径文字和描边效果，此时如果调节锚点位置，文字的效果也会发生变化，所以要想进一步给文字添加效果，就需要将它转化成图形。选择"STOP"，执行菜单命令"对象"－"扩展外观"，完成路径转图形的操作，效果如图 8-14 所示。使用"路径查找器"

面板中的“减去顶层”按钮将“S”剪出缺口，放入“世界无烟日”文字。复制香烟图形，调整大小并倾斜 45°，放到字母“O”中。再用步骤（7）的方法绘制一条线段，放到字母“O”中使其变成“禁止符号”。完成效果如图 8-15 所示。

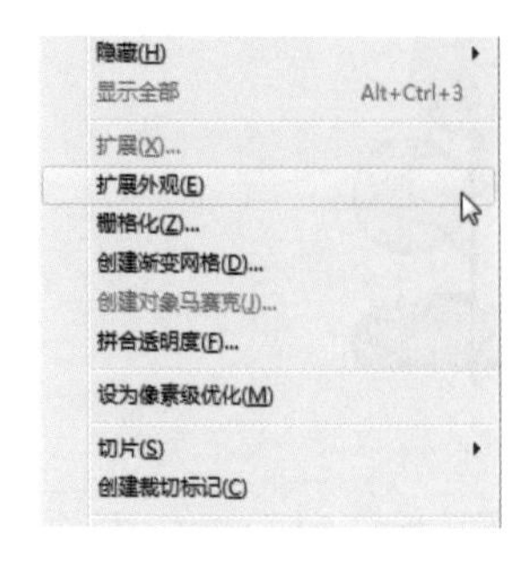

图 8-14 扩展外观

图 8-15 制作文字图形组

（9）将制作完成的素材摆放在背景中，调整位置及大小，如图 8-16 所示。

图 8-16 放置设计元素

（10）文字排版设计。置入素材“广宣文字 .txt”，复制文字内容到画布中，设计师要对文字进行阅读和理解，根据设计需求分清文字的主次关系，这样才能更好地进行版式编排。本案例文字采用居中对齐形式，并采用"倒三角"的构图。效果如图 8-17 所示。

燃烧的是香烟 消耗的是生命

在1987年11月，世界卫生组织在日本东京举行的第6届吸烟与健康国际会议上建议把每年的4月7日定为世界无烟日（World No Tobacco Day），并从1988年开始执行，
但从1989年开始，世界无烟日改为每年的5月31日，因为第二天是国际儿童节，希望下一代免受烟草危害。

⃠增加COPD发病 ⃠导致缺血性脑卒 ⃠引发阻塞性肺病

Compared to other European countries, Britain has been criticized for not diet culture; But
as Britain join the European Union, the different diet culture has bin the UK,
and British consumers demand, caused a revolutionary change

图 8-17 文字排版设计

（11）将文字移入海报中，调整位置及大小，存储为 AI 源文件，完成后的效果如图 8-1 所示。

（12）将文字创建轮廓后，另存为 PDF 文件用于印刷。PDF 文件是当下广泛应用于印刷的文件格式，执行菜单命令"文件"-"存储为"，选择 PDF 格式。在弹出的对话框中，第一步选择预设下拉列表里的"印刷质量"，在"常规"中勾选下方的"保留 Illustrator 编辑功能"复选框，第二步设置"标记和出血"，勾选"裁切标记""使用文档出血设置"复选框；第三步设置"输出"，"颜色转换"选择为"不转"，单击"存储 PDF"按钮完成存储。对话框设置如图 8-18 所示。

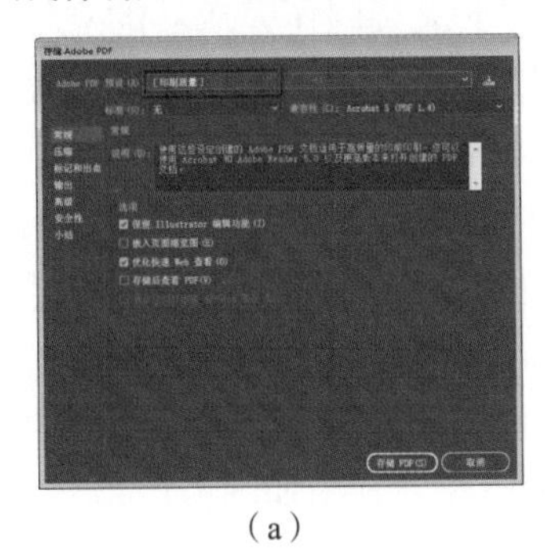

（a）

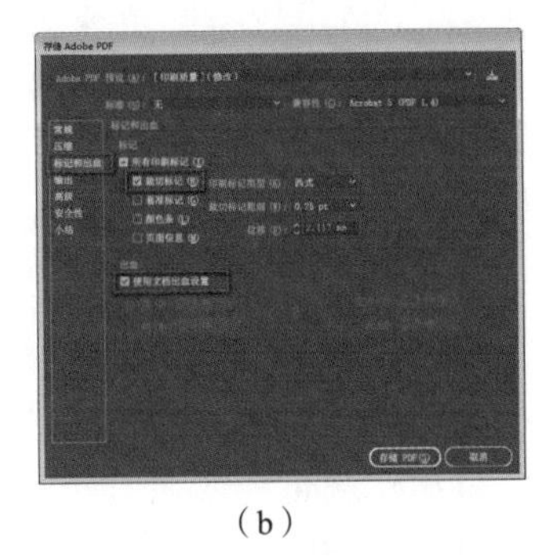

（b）

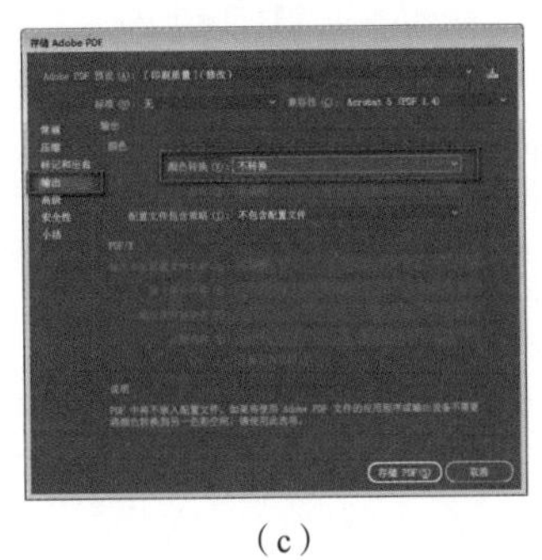

（c）

图 8-18 PDF 文件设置

（13）通常设计稿完成后，要存储的文件包括源文件、印刷文件、小样文件，以满足不同的应用需求。

8.2.2 手提袋设计

演示案例：手提袋设计

1. 设计要求

手提袋最初就是一个简易袋子，用于放置一些物品以方便携带。如今的手提袋，不仅只有袋子本身的功能，很多企业或者活动主办方越来越看重手提袋在品牌宣传与推广中的作用。手提袋是活动中经常用到的一种物料，可根据活动中其他物料的类型与规格进行手提袋的尺寸设定。

手提袋根据材质一般分为纸质手提袋、无纺布手提袋和塑料手提袋（PVC 手提袋）

等。随着国家对环保越来越重视，塑料手提袋将来会逐渐被淘汰，现在纸质手提袋和无纺布手提袋的应用越来越广。

手提袋尺寸大小通常采用常规的手提袋尺寸大小，当然也有一些手提袋尺寸比较特殊，这就需要根据客户的要求进行定制。

常见的手提袋有以下几种规格（不含客户定制尺寸）。

- 超大号手提袋尺寸：430mm（高）×320mm（宽）×100mm（侧面）。
- 大号手提袋尺寸：390mm（高）×270mm（宽）×80mm（侧面）。
- 中号手提袋尺寸：330mm（高）×250mm（宽）×80mm（侧面）。
- 小号手提袋尺寸：320mm（高）×200mm（宽）×80mm（侧面）。
- 超小号手提袋尺寸：270mm（高）×180mm（宽）×80mm（侧面）。

本案例制作的是小号手提袋。在活动中，手提袋主要用于装宣传资料、广告礼品，同时手提袋可以被重复使用，利于活动主题的持久宣传。

具体制作要求如下。

（1）风格：设计风格与活动主视觉统一。

（2）尺寸：手提袋成品尺寸为 320mm（高）×200mm（宽）×80mm（侧面）。

（3）色彩模式为 CMYK，分辨率为 300ppi。

2. 设计制作

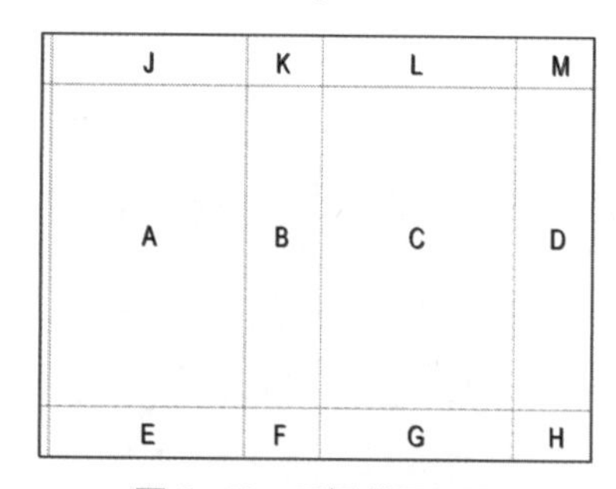

图 8-19　手提袋展开图

手提袋的成品尺寸是指手提袋制作完成后的立体形态尺寸，在设计时则要以展开的形式进行设计。经过计算，得到手提袋 4 个面 A、B、C、D 的展开文件尺寸为 560mm×320mm，E、F、G、H 折为袋底，J、K、L、M 折为袋口，加上侧面粘口，手提袋展开尺寸设定为 420mm×570mm，此展开尺寸刚好是大度对开的尺寸，在保证充分利用材料的情况下，达到最大化地利用纸张的目的，从而节约制作成本，手提袋展开图如图 8-19 所示。

（1）根据手提袋展开图制作底图。在 Illustrator 中新建文件，尺寸为 420mm×570mm，色彩模式为 CMYK，置入海报背景，建立辅助线，确定手提袋每个面的位置及大小，效果如图 8-20 所示。

图 8-20　手提袋底图制作

（2）打开海报文件，将所需的设计元素复制到手提袋上，参照海报构图调整图像元素的位置，效果如图 8-21 所示。

图 8-21　置入设计元素

（3）手提袋侧面也是一个宣传区域，设计时也要充分利用这个空间。本案例中的手提袋侧面将放置“为了明天”内容，因为 5 月 31 日是世界无烟日，第二天是 6 月 1 日儿童节，这也是能够激发公益活动社会效应的内容。置入素材“明天 .tif”，对其进行“图像描摹”操作，进行图形的转换。完成描摹并进行版式设计，效果如图 8-22 所示。

图 8-22　图像描摹与版式设计

（4）将设计素材放置到手提袋展开图中，完成设计，效果如图 8-23 所示。

（5）手提袋效果图制作。在给客户提交设计方案时，除了展开图以外，通常还会提供效果图，例如海报张贴环境的效果、包装盒成型及陈列效果、手提袋成型效果、瓶贴效果等，目的是让客户能够在拿到成品前看到成品的效果。

效果图的制作通常使用 Photoshop 来完成，制作过程中运用了光影变化、透视变形等相关美术基础知识。也可以在网上下载效果图样机进行贴图，或者参照已有效果图的透视关系与光影自行制作。

图 8-23　手提袋展开图

本案例的样机效果图将使用 Illustrator 完成。置入素材“手提袋效果图 .tif ”文件，效果图中展示面为 A、B、C，如图 8-24 所示。完成效果图制作需要将手提袋的各展示面单独分离出来，如图 8-25 所示。

图 8-24　手提袋展示面

图 8-25　手提袋各展示面单独分离

（6）选取手提袋一个展示面，使用"自由变换工具"中的"自由扭曲"，调节图形 4 个角的位置，使其与效果图中手提袋的一个展示面贴合，如图 8-26 所示。依次将前后两个面贴图，完成贴图后打开"透明度"面板，混合模式选择"正片叠底"，完成效果如图 8-27 所示。

图 8-26　贴图

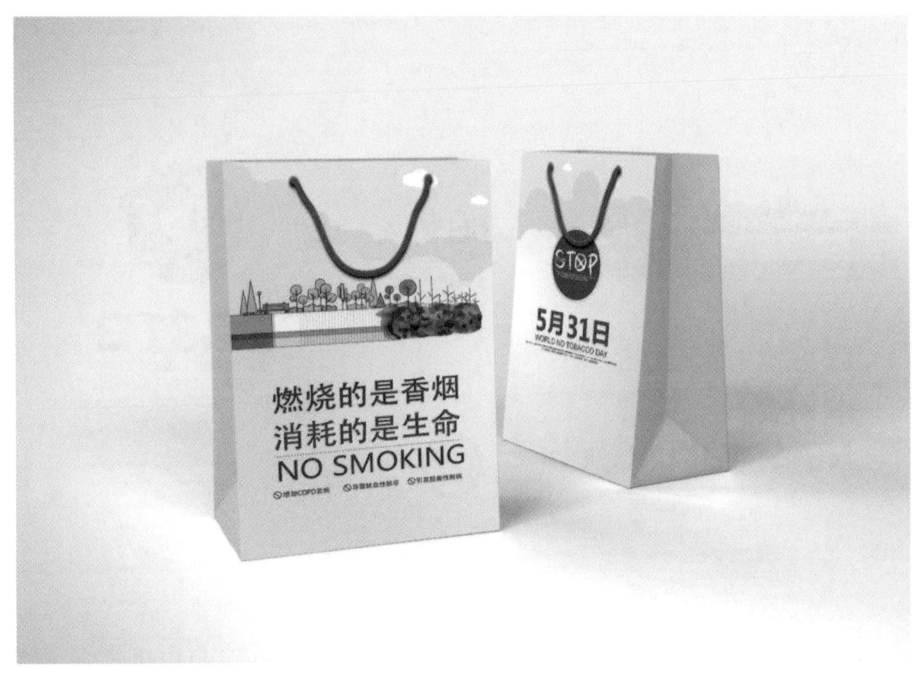

图 8-27　手提袋效果图制作

演示案例：活动背板设计

（7）完成效果图制作后存储文件，最终效果如图 8-2 所示。

8.2.3　活动背板设计

1. 设计要求

活动背板是各种大型活动中普遍使用的一种主要物料，也是一场活动的焦点所在，在各种发布会、年会、展览展示、婚礼等现场都能看到它。传统的背板采用喷绘形式，具有成本低、施工周期短、安全系数高等优点，缺点是只能以静态画面呈现。如今比较常见的背板以电子屏示人，具有多媒体特性，声、光、电结合的展示效果往往能够更好地烘托活动气氛，但缺点是造价昂贵、维护成本高、用电量大、受天气制约、搭建周期长、必须由专业人员搭建等。有些大型的场馆将电子屏搭建成固定的设施，供各有所需的团体租用，主办方只要带着自己的电子文件就可以使用，这避免了很多不确定因素带来的麻烦。

如果在活动中主背景的展示形式为电子屏，在设计时就要考虑画面中底色的明度与纯度，电子屏由 LED 灯珠组成，具有亮度高、色彩鲜艳的特点，如果大面积使用明度与纯度较高的配色，会使观众眼睛产生不适感，并可能造成眼部损伤。

本案例中的活动背板采用传统喷绘形式，主要应用于活动的主会场，以强化活动效果与活动重要性。活动主办方以此为背景发布消息，同时参加活动的所有人都可以积极参与到签名活动中，能够提升互动和参与度，并且在签字后即可领取装有活动纪念品和宣传品的手提袋，使活动效果更落地。

活动背板制作要求如下。

（1）风格：设计风格与活动主视觉统一。

（2）尺寸：300cm（高）× 600cm（宽）。

（3）色彩模式为 CMYK，分辨率为 72ppi。

2. 设计制作

活动背板在设计过程中要注意的首要因素就是尺寸，因为背板大多是活动消息发布时的衬景，当人站在背板前时，不可以过多遮挡活动主要内容。假设常人平均身高 175cm 左右，那么在设计背板的时候，主要内容在板面中的高度就尽可能在 150cm ~ 170cm。即使活动受空间限制，背景板在设计的时候也要考虑主题内容的摆放位置和人的站位是否有冲突。所以背板设计不仅是一个画面的设计，同时也是人文关怀的体现。

（1）在 Illustrator 中建立文档，尺寸为 300cm × 600cm，由于在 Illustrator 中建立文档尺寸受限，因此在设计时可建立等比例缩小文档，因为文档内容全部为矢量素材，所以放大后精度没有影响。打开背景图文件，将其复制到画布中并调整大小，完成效果如图 8-28 所示。

图 8-28　背板底图

（2）放置文字元素。物料的展示环境变化，内容编排也要适当调整，背板高度为 300cm，将活动主题等重要容放置于背板高度的二分之一以上，即 150cm 以上，背板文字内容排版效果如图 8-29 所示。

图 8-29　放置文字元素

（3）放置图形元素。为突出主题的文字内容，背板中出现的香烟等图形元素放置于下方进行局部展示，以点概面烘托效果，同时和上方的文字相呼应，整体画面构图也比较稳定，如图 8-30 所示。

图 8-30 放置图形元素

（4）喷绘布这种材质有一定的收缩率，所以通常在设计过程中保证主要内容能完整出现在画面中即可，四周出血尺寸可事先咨询输出公司，根据他们现有的物料进行设定，设计师在设计过程中至少要保证 5cm~10cm 的出血区域。制作完成后存储矢量文件，以便输出公司后期进行放大制作。最终现场展示效果如图 8-3 所示。

8.2.4 活动 X 展架设计

演示案例：活动 X 展架设计

1. 设计要求

X 展架是一种用作广告宣传的、背部具有 X 型支架的展览展示用品，是终端宣传、促销的“利器”，被广泛应用于大型卖场、商场、超市、展会、公司、招聘会等场所的展览展示活动。展架又名产品展示架、促销架、便携式展具和资料架等，具有安装简单、便于存放、制作成本低等诸多优势，是当下各种活动必备的一种宣传物料。展架常见尺寸为 60cm × 160cm、80cm × 180cm、120cm × 200cm 3 种。

本案例中的 X 展架主要应用于通往活动主会场的道路两旁、圈定会场边界、人群集中地点等，起到宣传和指引的作用，又能因分布较广而营造出一种活动规模比较大的感觉。

制作要求如下

（1）风格：设计风格与活动主视觉统一。

（2）尺寸：60cm（宽）× 160cm（高）。

（3）色彩模式为 CMYK，分辨率为 150ppi。

2. 设计制作

X 展架采用传统写真喷绘制作，基本所有的喷绘、输出公司都可以制作。

（1）在 Illustrator 中建立文档，尺寸为 60cm × 160cm，出血设定每边 1cm 即可。打

开背景图形文件，将其复制到画布中并调整大小，完成效果如图 8-31 所示。

（2）复制手提袋中的设计元素。因为 X 展架比较狭长，在编排设计元素的时候就需要做大幅度调整。根据物料高度，设计时需将宣传的主要内容置于 120cm 以上的高度，这样才能取得比较好的视觉效果，如图 8-32 所示。

（3）对画面进行元素补充，完善展架的视觉效果。另外，X 展架在制作时因为特定的展示方法，需要在 4 个角打孔，所以宣传的内容要避开这 4 个孔，但不用在完稿中做标记，如图 8-33 所示。

图 8-31　绘制 X 展架背景

图 8-32　主要设计元素编排

图 8-33　展架打孔位置示意

（4）完成制作，最终效果如图 8-4 所示。

（5）文件导出或存储通常采用 JPG、TIF、PDF 等格式。JPG 格式在导出时要注意设置压缩比、色彩模式、分辨率 3 项，如图 8-34 所示。TIF 格式在导出时可以勾选"LZW 压缩"复选框，这是 TIF 格式文件特有的无损压缩设置，可以有效地减小文件体积，便于传输和存储，如图 8-35 所示。

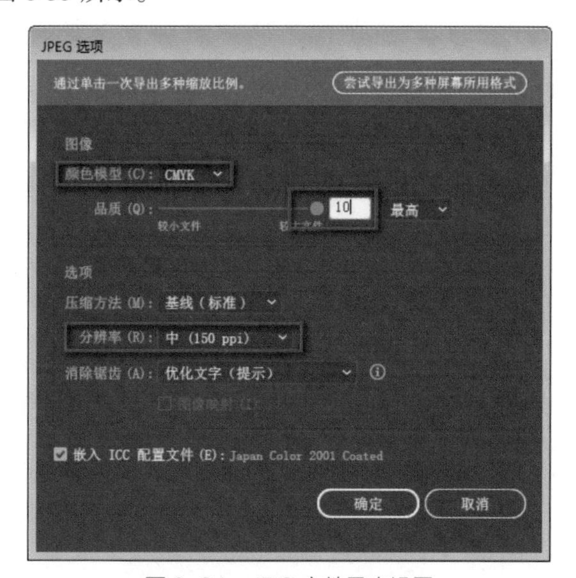

图 8-34　JPG 文件导出设置

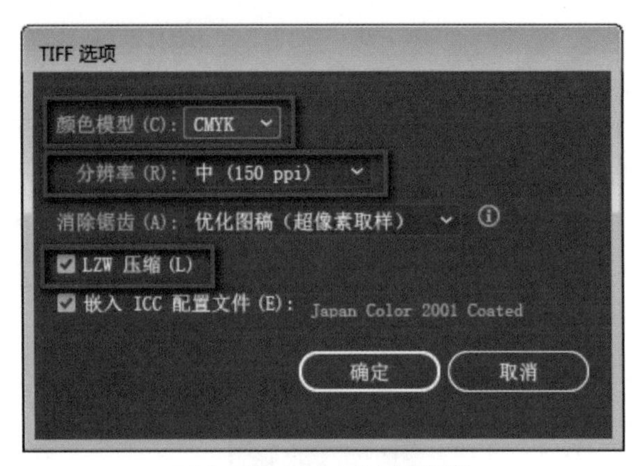

图 8-35　TIF 文件导出设置

本章总结

本章主要讲解在设计任务中，Illustrator 软件如何独立完成活动宣传物料的设计与制作。通过项目的演练，读者能够对设计创意、制作技巧有一定的掌握，同时对纸张规格、色彩模式、出血等印前知识有所了解，对一些活动所涉及的物料范畴有所认知。

本章重点是对软件的“路径查找器”“图形工具”、图层混合模式、文字处理、图像描摹、“渐变工具”“群组”命令、对齐与分布、“画笔工具”“扩展外观”命令、描边与填充等的应用，同时对设计基础相关的光影变化、平面构成、色彩构成、立体构成等知识加以运用。传统印刷与物料制作规范也是设计师必须要掌握和了解的内容。